Mel Koring

Clicker-Training für Hunde

Erfolgreich erziehen mit dem 8-Wochen-Plan

KOSMOS

Inhalt

4   So lernen Hunde mit dem Clicker

5   Warum Ausbildung wichtig ist
7   Hundeausbildung ist Menschenausbildung
10   Warum lernen Hunde?
12   Hund ist nicht gleich Hund
14   Klassisches Konditionieren
15   Instrumentelles (operantes) Konditionieren
16   Die Konditionierungsarten kombinieren
17   Verhalten und Konsequenz
18   Bestärkung und Bestrafung
18   Der Clicker als Trainingshilfsmittel
22   Motivation und Belohnung
24   EXTRA Arten von Signalen
26   Konditionierung zweiter Ordnung
28   Gelerntes generalisieren
28   Strafe in der Hundeausbildung
30   Konditionierte Positive Strafe
34   Konditionierte Negative Strafe
35   Umkonditionierung – besser als nur Strafe
36   Handzeichen und akustische Signale
38   Vom Handzeichen zum Hörzeichen
40   Lerntheorie und Lernpraxis

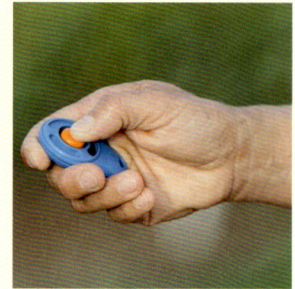

42   Trainingswoche 1 – 4

43   Trainingsplan 1. Woche
54   Trainingsplan 2. Woche
62   Trainingsplan 3. Woche
70   Mit dem Hund unterwegs
74   Trainingsplan 4. Woche
77   Resümee nach 4 Trainingswochen

78 Trainingswoche 5 – 8

79 Trainingsplan 5. Woche
86 Trainingsplan 6. Woche
92 Trainingsplan 7. Woche
98 Trainingsplan 8. Woche
104 EXTRA Das Supersignal

106 Hilfsmittel für das Training

107 Der Clicker
108 Das Halsband
108 Das Führgeschirr
110 Die Leine
111 Die Schleppleine
112 Das Kopfhalfter
113 Die Pfeife
114 Futterbelohnungen
115 Spielzeuge
116 Belohnungsbeutel
116 Regenbekleidung
116 Die Automatikleine
118 Trainingshilfsmittel ausschleichen

120 Service

121 Danksagung
121 Zum Weiterlesen
122 Nützliche Adressen
123 Register
126 Impressum

Tipp

Weitere bebilderte Schritt-für-Schritt-Anleitungen
zu den Übungen in diesem Buch finden Sie online
unter www.kosmos.de/13935/tb1

So lernen Hunde mit dem Clicker

„Warum noch ein Buch über Hundeausbildung mit dem Clicker?", wird sich sicherlich mancher Hundehalter fragen. „Gibt es denn immer wieder etwas Neues? Und steht nicht in allen Büchern das Gleiche drin? Hunde sind doch Hunde! Das kann doch nicht so kompliziert sein!"

Warum Ausbildung wichtig ist

Es gibt eigentlich nicht wirklich etwas Neues – Hunde sind Hunde, und Lernverhalten ist Lernverhalten. Aber die Art, es zu betrachten, zu erklären, zu verstehen, zu erkennen und umzusetzen, ist immer wieder eine andere.

Der Anspruch an unsere Hunde ist in den letzten Jahren sehr stark gestiegen. Als Kind habe ich einige Zeit in einem dicht besiedelten Wohngebiet gelebt. Rückblickend fällt mir auf, dass es viel weniger Hunde gab als heute. Die Vermieterin wohnte in einem Haus mit Garten und hatte einen Airedale Terrier. Außerhalb des Gartens wurde der Hund immer an der kurzen Leine geführt. Er benahm sich meines Wissens immer vorbildlich. Negativ haften geblieben ist mir der starke Eigengeruch des Hundes. Ob dieser Hund irgendwelche Übungen konnte oder je ohne Leine lief ... ich kann es mir nicht vorstellen.

Die vier haben trainiert - Hundebegegnungen können entspannt ablaufen. Eine wichtige Übung, vor allem in eng besiedelten Gebieten.

Dieser gut erzogene und ausgebildete Lockenkopf ist sicher kein „Kinderschreck".

In manchen Wohnhäusern begegnen mir einige Hunde im Treppenhaus oder bellen hinter Türen, bis ich zur eigentlichen Wohnung vorgedrungen bin. In manchen Gegenden kann man nicht 15 Minuten spazieren gehen, ohne mehrere Hunde mit Haltern zu treffen. Vor 40 Jahren – undenkbar.

Diese Hundedichte führt zwangsläufig zu Interessenskonflikten zwischen Hundehaltern und Nicht-Hundehaltern, aber auch zwischen den Hundehaltern. Wenn ich mir dann vorstelle, dass die Hunde so frei herumlaufen würden wie damals der Pudel, das gäbe heute sicherlich Ärger.

Als wir später aufs Land zogen, gab es etwas mehr Hunde, aber auch viel mehr Platz. Ich kann mich an zwei Hunde erinnern, mit denen spazieren gegangen wurde, ohne Leine, und die auf Ruf zurückkamen. Gestaunt hat man über so viel Gehorsam. Die anderen Hunde (zehn auf einen Quadratkilometer) lebten „frei" auf Bauernhöfen. Sie besuchten sich auch untereinander, was nicht immer erwünscht war, oder tauchten vor fremden Haustüren oder in Gärten auf. Der Nachbarshund bewachte auch die anliegenden Häuser. Autos fuhren in dieser abgelegenen Gegend nur wenig, und da auch mit frei laufenden Rindern, Pferden usw. zu rechnen war, meist mit entsprechender Vorsicht.

Dann gab es noch einen Pudel oder Pudelmischling. Der tauchte als Kinderschreck immer mal wieder auf, klammerte sich mit den Vorderbeinen um die nackten Kinderbeine und man wurde ihn nicht los. Wo er wohnte, wusste keiner, und es interessierte damals auch niemanden. Und dass der irgendeine Hundeschule besucht hatte oder auch nur eine Übung konnte ... ich glaube nicht.

Keiner der Anwohner hatte ein Problem mit den Hunden. Ich kann mich auch nicht an Hundehaufen auf dem Rasen vor dem Haus erinnern. Wenn ich heute auf dem Weg zu Hausbesuchen Rasenstücke neben dem Gehweg betrachte, wundere ich mich oft über die vielen Kothaufen.

Wäre ich damals auf einen der nahe gelegenen Höfe mit mehreren Spitzen gelaufen und gebissen worden – ich hätte zu Hause Ärger bekommen, da man so dumm ja nicht sein kann. Niemand wäre auf die Idee gekommen, die Spitze an die Leine zu legen, Anzeige zu erstatten oder Ähnliches. Und wenn die Hunde außerhalb des Hofes allein unterwegs waren, ließ man sie in Ruhe und wich ihnen aus. Angst hatte aber keiner.

Zwei der Hunde aus der Nachbarschaft spielten Ball. Es war völlig normal, dafür auf den Bolzplatz zu gehen: ein Rasenstück mit zwei kleinen Toren und ursprünglich zur Nutzung durch Kinder gedacht. Wenn wir Kinder nichts anderes zu tun hatten (und wir hatten viel anderes zu tun), spielten wir mit dem Hundehalter, den Hunden und einem platten, sehr eingespeichelten Lederball Fußball. (Hunde gehören selbstverständlich nicht auf Kinderspielplätze!)

Heute ist das alles undenkbar. Es gibt dort viele Wohngebiete mit Einfamilienhäusern, vielen Kindern, Autos, Hunden … und hier beginnt der Grund für die Hundeausbildung und Menschenausbildung.

Hundeausbildung ist Menschenausbildung

Wenn wir den Hund nicht morgens einfach aus dem Haus lassen können, müssen wir mit ihm spazieren gehen. Durch die Verkehrsdichte und aus Rücksicht anderen Lebewesen gegenüber muss der Hund an der Leine laufen. Aber weder ist es für den Hund gesund, wenn er an der Leine zieht, noch für den Hundehalter. Eine der häufigsten Hundehalterkrankheiten ist der Tennisarm oder besser gesagt der Leinenarm: Schulterschmerzen, gefolgt von Stürzen mit Hund.

Für den Hund ist das Leineziehen auch nicht gesundheitsfördernd. Der Augeninnendruck steigt, die Halswirbelsäule und der Rücken werden in Mitleidenschaft gezogen, und durch das Halsband wird der Kehlkopf und die Luftröhre gequetscht.

Wir wollen also dem Hund beibringen, an der lockeren Leine zu laufen.

"Kommen auf Ruf" – eine Lebensversicherung.

Wenn wir andere Menschen treffen, soll der Hund diese nicht anspringen, ansabbern oder beschmutzen.

Wenn ein anderer Hundehalter mit Hund auftaucht, soll sich unser Hund entspannt, höflich und vorbildlich zeigen. Wenn wir am Straßenrand warten, um über die Straße zu kommen, soll auch der Hund warten und erst über die Straße gehen, wenn wir es erlauben.

Wenn er dann frei läuft, soll er auch zu seinem eigenen Schutz zurückkommen, wenn wir ihn rufen. Schnell und nach dem ersten Ruf, weil eventuell ein Auto naht. Dann soll er neben uns absitzen und warten oder sich anleinen lassen, obwohl Nachbars Struppi am Horizont auftaucht.

„An der lockeren Leine laufen" – für unübersichtliche Situationen.

nen, aber den Trick „Kommen auf Ruf" nicht beherrschen. Da kann es nicht am mangelnden Lernvermögen des Hundes liegen.

Daher müssen wir uns mit dem Thema Lernverhalten beim Hund beschäftigen. Denn wir sind die Lehrer unseres Hundes, und als Lehrer sollte man einiges zu diesem Thema wissen.

Hundetrainer in einer Hundeschule ist eine irreführende Berufsbezeichnung. Wir Hundetrainer sollten möglichst viel über Hunderassen, Hundeverhalten, Körpersprache, Lernverhalten, Trainingsaufbau usw. wissen. Aber der eigentliche Job eines guten Hundetrainers ist Menschentraining, oder besser noch Erwachsenenbildung. Denn ein Trainer sollte Ihnen verraten, wie das alles zusammenhängt und funktioniert, denn der Lehrer Ihres Hundes sind letztendlich Sie. Ein Hund ist immer so gut wie derjenige, der ihn trainiert.

Sie sehen: Hundeausbildung bedeutet nicht, den Hund in seiner Freiheit zu beschneiden, sondern ihm diese zu geben! Im Grunde reichen drei Übungen aus, die Hund und Halter diese Freiheit gewähren, vorausgesetzt, die Übungen klappen in jeder Situation:

> An der lockeren Leine laufen – der Hund kann in schwierigen, unübersichtlichen oder gefährlichen Situationen angeleint werden und weiß, was er zu tun hat.

> Kommen auf Ruf – der Hund kann in geeigneter Umgebung frei laufen und kommt sofort zurück, wenn er gerufen wird.

> Eine statische Übung für Wartesituationen – Sitz, Platz oder Steh (je nach Hundetyp).

Mehr ist möglich und macht Spaß! Ich kenne viele Hunde, die 20 Tricks kön-

Die wichtigsten Übungen

In diesem Buch möchte ich Ihnen die wichtigsten Übungen, die ein Hund können sollte, vorstellen. In unserer Hundeschule gibt es nach jedem Kurs Fragebögen zu den Übungen. Was war schwer und warum? Was hat in dem Kurs an Inhalt gefehlt? Was war überflüssig und wird nicht gebraucht? Was hätte besser erklärt werden müssen und was weniger? Was waren die wichtigsten Übungen? So haben sich in den letzten zehn Jahren die Kursinhalte und der Aufbau der Kurse und Übungen immer mal wieder geändert. Wir versuchen damit so nah wie möglich an den alltäglichen Bedürfnissen und Anforderungen der Hundehalter und Hunde zu sein.

Die Übung „Bei Fuß" haben wir anfangs mit dem Anspruch an Turnierhundesport trainiert. Im echten Leben brauchte das aber niemand, daher trainieren wir jetzt ein aufmerksames Laufen an der Leine und den Blickkontakt einzeln, dies entspricht den Freizeitanforderungen am ehesten. Wir versuchen, die Theorie und die Praxis mit in den Alltag der Hundehalter zu integrieren.

Sie erhalten mit diesem Buch also eine Essenz aus zehn Jahren täglicher Arbeit mit den verschiedensten Hunden und Menschen. Ich werde versuchen, alles so gut wie möglich zu erklären, die Bilder sollen Sie unterstützen.

In unserer Hundeschule gibt es in Modul I (Woche 1–4) und in Modul II (Woche 5–8) immer eine Stunde Theorie, die wir in den folgenden vier Stunden mit Praxis füllen. Unsere Kunden erhalten kleine Trainerausbildungen. Sie haben aber den Vorteil, zuzusehen, Fragen zu stellen, und werden in den Übungen durch viel Feedback von uns unterstützt. Das entfällt leider bei einem Buch. Auch Mut machende Worte an der richtigen Stelle, der begeisterte Gesichtsausdruck des Trainers, wenn es richtig gut läuft, fehlt in einem Buch.

Tauchen Sie nun ein in das Thema „Hundetraining und Lernverhalten". Ich versuche, auf so viel Fachbegriffe wie möglich zu verzichten und praxisnah zu bleiben. Wenn ich Fachbegriffe verwende, beschreibe ich diese auch inhaltlich. Was Sie sich merken sollten, ist nicht das Fachchinesisch, sondern der Inhalt. Damit können Sie am besten arbeiten. Wie das genau heißt, was Sie da im Training gemacht haben, wenn der Hund auf Ruf angeschossen kommt wie ein Blitz, will nachher keiner wissen, und den Hund interessiert das auch nicht.

Und jetzt, VIEL SPASS!

Platz – eine statische Übung.

Border Collies sind berühmt für Ihre Lernfähigkeit. Leider lernen sie auch schnell „Unsinn" und neigen durch ihr häufig sensibles Wesen zu Ängstlichkeit und Fehlverknüpfungen.

Warum lernen Hunde?

Hunde lernen aus dem gleichen Grund wie Menschen: Sie sind neugierig und sie versuchen immer, den für sie bestmöglichen Zustand zu erreichen. Ja, Hunde sind Egoisten und sie lernen auch ohne das Zutun von Menschen. Ohne Lernen ist kein Überleben möglich. Die gute Nachricht daran: Alle Hunde sind lernfähig, auch Ihrer!

Straßenhunde sind sehr findig bei der Nahrungssuche. Sie merken sich gute Futterstellen und können sogar Behälter öffnen (das können auch Tintenfische ...). Wird ein Brot in einer Frischhaltedose gefunden, wird diese unter Umständen sogar erst in Sicherheit gebracht und dann in Ruhe geöffnet. Sie merken schon: Niemand hat sich die Mühe gemacht, dem Hund diesen Trick beizubringen. Der Hund hat durch Versuch und Erfolg, Versuch und Misserfolg gelernt, motiviert durch den Hunger. Ob die Frischhaltedose danach noch mal zu gebrauchen ist, spielt für den Hund keine Rolle. Hunde sind sehr zielgerichtete und geradlinige Lebewesen. Für uns ist diese Erkenntnis gleichzeitig ein Vor- und Nachteil.

Erfolg ist der Schlüssel

Der Vorteil liegt darin, dass erlernte Verhaltensweisen, die vom Hund direkt als erfolgreich empfunden werden, sehr stark im Hundekopf verankert sind. „Was für den Hund erfolgreich ist", ist dabei der Schlüssel. Zeigt ein Hund eine Verhaltensweise (egal ob diese vom Menschen erwünscht oder unerwünscht ist), muss aus der Sicht des Hundes ein Erfolg oder Vorteil zu erkennen sein.

Wenn ich mit diesem Hintergrundwissen dem Hund Übungen beibringe, werde ich diese Übungen fest im Hundekopf verankern.

Der Nachteil liegt darin, dass es oft schwer ist, den Erfolg zu verstehen oder zu erkennen. Wenn ich es mit unerwünschten Verhaltensweisen zu tun habe und diese verändern will, muss ich zunächst den Erfolg – aus der Sicht des Hundes – identifizieren. Ich muss die Motivation des Hundes herausfinden.

Oft ist es so, dass trotz Training eine erlernte Verhaltensweise nicht mehr wirklich rückgängig zu machen ist. Hundetrainer sprechen oft vom „Löschen unerwünschter Verhaltensweisen". Wir stellen uns dann vor, man radiert solche Verhaltensweisen aus, dann ist ja auch wieder Platz für neue Verhaltensweisen. Oft stecken hinter immer wieder gezeigten Verhaltensweisen aber unglaublich viele, für den Hund erfolgreiche Erlebnisse. Und wir Menschen wissen, wie gut sich wirkliche Erfolgserlebnisse anfühlen. Im Extremfall steigen Menschen (die Krone der Schöpfung) unter Lebensgefahr auf hohe Berge, erfrieren sich die Zehen, die amputiert werden müssen, sie sind fix und fertig, stehen aber wild grinsend auf dem Mount Everest. Wir müssen zugeben, wir verstehen nicht mal alle Menschen. Da kann eine fremde Spezies wie ein Hund auch mal die Frage aufwerfen, was dieses oder jenes Verhalten soll und wo da der Kick ist. Die Vorstellung, bei einem Straßenhund das eventuell zwei Jahre lang praktizierte überlebenswichtige Verhalten „Mülltonnen mit fressbarem Material finden, öffnen, durchsuchen und fressen" ausradieren zu wollen, ist meist zum Scheitern verurteilt. Einige lassen das Plündern, wenn sie nach einiger Zeit merken, dass es immer Futter gibt. Ob diese Hunde intelligent oder faul sind – wer weiß. Ich bin mir aber sicher: Würde man einen solchen Hund wieder auf die Straße setzen, er wüsste sofort, was zu tun ist. Unter „Löschen" stelle ich mir vor, der Hund weiß nun nicht mehr, was zu tun ist, und muss sich alle Techniken neu aneignen.

Einige plündern sogar nach Jahren bei jeder Möglichkeit, obwohl es immer ausreichend Futter gibt. Das Erfolgserlebnis „Ich habe einen gelben Sack gefunden und da war gaaanz viel drin!" reicht als Belohnung, hier geht es nicht um Hunger.

Ich kannte mal einen Hund (ca. 25–30 kg, 55 cm Rückenhöhe), der hatte hinter einer unverschlossenen Tür einen 15-kg-Sack Hundefutter gefunden, geöffnet und 7 kg Hundefutter am Stück gefressen! (Bitte nicht nachmachen! Lebensgefahr!) Der Hund wurde täglich ausreichend gefüttert …

Angeborene und erlernte Verhaltensweisen

Es gibt angeborene und erlernte Verhaltensweisen. Angeboren ist beim Hund z.B., dass er bellen kann. Dass er bellt, wenn es klingelt, ist wiederum erlernt. Wenn Sie einen solchen Hund besitzen, reisen Sie einmal im Geist zurück zu den ersten drei Tagen, an denen der Hund bei Ihnen war … er wird wahrscheinlich nicht auf Ihre Klingel re-

Bellen ist zunächst ein angeborenes und normales Verhalten. Miauen wäre (beim Hund) eine Verhaltensstörung.

agiert haben. Jagen gehört auch zu den angeborenen Verhaltensweisen, der Hund ist ein Beutegreifer. Aber die Technik wird durch Üben und Wiederholungen ausgefeilt. Der Hund hat auch hier wieder Erfolge, und – bei jungen Wildhunden sehr deutlich zu sehen – sehr viele Misserfolge. Warum macht also ein junger Hund trotz vieler Misserfolge weiter mit dem Jagen? Die Antwort ist ganz einfach: Weil es Spaß macht! Weil es sich gut anfühlt! Weil der Hormoncocktail im Blut, der in solchen Momenten entsteht, high macht. Der Hund ist unverwundbar, er fühlt sich wie SUPERHUND.

Wenn der Hase dann weg ist und der Hormoncocktail Richtung „normal" geht, dann spürt der Hund auch wieder den Dorn in der Pfote und kann keinen Meter weiterlaufen. Auch hier ist der Erfolg nicht der gefangene und gefressene Hase, sondern das gute Gefühl. Ja, das Gefühl ist die Belohnung. Durch Wiederholungen lernt der Hund, wie gut es sich anfühlt. Jetzt kann man verstehen, warum viele Hunde beim Anblick eines Hasen nicht auf die angebotene Wurst reagieren.

Und dann gibt es Verhaltensweisen, die ein Hund einfach nicht lernen kann. Fliegen z.B. Wir können uns auf den Kopf stellen, Trainingspläne erarbeiten … es geht nicht.

Links: Der Kuvasz ist ein Herdenschutzhund.

Rechts: Dackel wurden für die selbstständige Baujagd gezüchtet und ausgebildet.

Hund ist nicht gleich Hund

Über Jahrhunderte hat der Mensch durch die Auswahl bestimmter Eigenschaften und die gezielte Verpaarung von Hunden bestimmte Arbeitstypen geformt.

Manche Menschen wollten einen hochspezialisierten Jagdhund, der furchtlos und selbstständig in jeden Bau geht und sich dort auch von seinem Körperbau her gut bewegen kann. Andere Menschen bevorzugten einen besonders wachsamen und selbstständigen Hund für die Schafherden, der Wölfe und Bären abwehrt und auch bei menschlichen Schafdieben kein Erbarmen kennt. Den Schafbesitzer und die Schafe sollte er aber tolerieren. Menschen in den nordischen Ländern brauchten Hunde, die der ständigen Kälte trotzten, zuverlässig als Zugtiere arbeiteten und sehr genügsam waren.

Heute haben wir immer noch Dackel, Kuvasz und Husky. Aufgrund der Aufgabe, für die sie über viele Generationen gezüchtet wurden, unterscheiden sie sich im Aussehen, aber auch in ihrem Charakter und in ihren Talenten.

Und etwas grundsätzlich anderes von den Hunden zu verlangen als das, für das sie der Mensch gezüchtet hat, ist oft unfair. Man stelle sich nur Rauhaardackel vor einem Hundeschlitten vor oder ein Kuvasz im Fuchsbau oder einen Husky, der allein über Tage auf eine Schafherde aufpassen soll (selbst die Inuit binden diese Hunde vor dem Iglu fest an; sie sind sehr selbstständig, laufen und jagen gern).

Natürlich gibt es auch Ausnahmen, die sind aber nicht die Regel. Ein Hütehund, der nicht auf optische Reize anspringt, ist ein schlechter Hütehund. Für seine Arbeit ist es enorm wichtig zu sehen, welches Tier sich wohin bewegt. Als Familienhund soll er aber diese angeborene Leidenschaft unterdrücken lernen. Das ist zum Teil möglich, aber eben nur zum Teil. Deshalb ist man in der Regel gut beraten, einen Border Collie nicht mitten in der Stadt zu halten.

Der Husky ist ein „Schlittenhund", dem Leben in polaren Regionen angepasst.

Ein gut gezogener und ausgebildeter Labrador hat es in der Stadt oft leichter, er nimmt zwar auch die vielen Eindrücke wahr, hat es aber einfacher, eine entspannte Zurückhaltung zu erlernen.

Schauen Sie doch einmal genau nach, zu welcher Arbeit Ihr Hund einst gezüchtet worden ist. Das Internet und die Fachliteratur (Seite 121) geben einen guten Einblick.

Den sogenannten Familienhund gibt es nicht. Es gibt zwar einige Rassen, die sich besser für bestimmte Familien eignen als andere. Trotzdem ist man gut beraten, nicht nur Züchter nach ihren Hunden zu befragen und ob diese jeweilige Rasse zu Ihren Ansprüchen und Ihrem Lebensstil passt.

Fragen Sie am besten unabhängige Experten wie Hundetrainer, Verhaltensberater, Tierärzte usw. Die kennen viele verschiedene Hunde und viele verschiedene Menschen. Sie geben auch Tipps, worauf Sie bei der Auswahl achten und was Sie dringend vermeiden sollten.

Bei Mischlingen hat man etwas mehr Wundertüte als beim Rassehund. Denn wenn zwei oder mehr Hunderassen verpaart werden, müssen die Welpen deswegen nicht wesensfester oder gesünder sein.

Auch Krankheiten, Talente und Charakter werden über Generationen vererbt. Schauen Sie sich nur einmal in Ihrer Familie um: Dort wird es Geschwister geben, die unterschiedliche Krankheiten haben oder eben auch keine. Manche ähneln sich optisch sehr, andere sind sehr unterschiedlich.

Wenn es gut läuft, sind wir so intelligent wie die Mutter, haben den sportlichen Körperbau vom Vater, die gesunden Augen vom Opa und die schönen dichten Haare und das musikalische Talent der Oma. Wenn es schlecht läuft, sind wir unsportlich wie die Mutter, haben die Denkblockaden vom Vater, die dünnen Haare vom Opa, die Krampfadern von Oma und sind cholerisch wie der Urgroßvater, den wir nie kennengelernt haben.

Eine Belohnung für den Hund ist das, was der Hund will.

Klassisches Konditionieren

„Konditionieren" ist der Fachbegriff für Lernen. Das Klassische Konditionieren ist die einfachste Art des Lernens, die alle Tiere mit Gehirn und Rückenmark beherrschen (Menschen, Vögel, Fische usw.). Sie müssen das Ihrem Hund also nicht beibringen, die Fähigkeit hat er, Sie können sie nutzen. Erforscht (nicht erfunden!) hat diese Form des Lernens Iwan Pawlow (1849 – 1936).

Das können wir uns in etwa so vorstellen: Pawlow wollte ursprünglich die Speichelzusammensetzungen bei Hunden erforschen. Dazu hielt er einige stark sabbernde Hunde in Käfigen. Eines Abends betrat sein Assistent den Raum, in dem sich die Hunde und Iwan Pawlow aufhielten. Die Hunde waren freudig aufgeregt und fingen an zu speicheln, obwohl der Assistent kein Futter dabeihatte. Was löste also das Speicheln und die Freude aus?

Pawlow begann zu forschen, und nach einiger Zeit gab es unter anderem dieses Experiment: Er läutete eine dem Hund fremde Glocke und gab schnell

Der Lernprozess bei der Klassischen Konditionierung		
Glocke	+ Futter (0,5–1 Sek. später)	-> Speichelfluss und Freude
Neutraler Reiz	+ positiver Reiz (0,5–1 Sek. später)	-> Reflexantwort
Nach einigen Wiederholungen (5–10):		
Glocke		-> Speichelfluss und Freude
Positiver, reflexauslösender Reiz		-> Reflexantwort

Lernen setzt Motivation voraus.

danach dem Hund etwas Futter. Dieses wiederholte er fünf- bis zehnmal und erhielt folgendes Ergebnis: Der Hund speichelt nach den Wiederholungen auch, wenn nur die Glocke geläutet wird, ohne das Zutun von Futter!

Dieses Experiment zeigt: Ein neutraler Reiz wird durch Lernen zu einem positiv empfundenen Reiz. Das Ertönen der Glocke löst nicht nur das Verhalten Speicheln, sondern auch die Emotion Freude aus! Jede Klassische Konditionierung setzt Motivation (hier Hunger) voraus. Wird das Futter weggelassen, verschwindet nach einigen Wiederholungen das Speicheln und die Freude auf das Ertönen der Glocke.

Instrumentelles (operantes) Konditionieren

Auch das hört sich schwieriger an, als es ist: Etwas wird gezielt bedient bzw. benutzt. Konditionieren ist der Fachbegriff für Lernen. Man kann auch sagen: Lernen durch Versuch und Erfolg, Ver-

such und Misserfolg. Es handelt sich immer um ein gezeigtes Verhalten und seine direkten Folgen.

> Hat ein Verhalten positive Folgen, wird es öfter gezeigt.
> Hat ein Verhalten negative Folgen, wird es seltener gezeigt.

Wichtig ist, dass auf ein Verhalten 0,5–1 Sekunden später die positive Folge folgt. Der Hund setzt sich etwa hin und erhält 0,5–1 Sek. später eine Futterbelohnung. Er wird sich nach einigen Wiederholungen öfter setzen (angeborenes Verhalten), wenn er Hunger hat (Motivation), um Futter zu bekommen (positive Folge, positiver Verstärker).

Auch diese Übung ist in der Theorie interessant und nachvollziehbar, aber Sie erhalten als Ergebnis einen Hund, der sich setzt, wenn er Hunger hat (vorausgesetzt, es gibt keine andere Möglichkeit, den Hunger zu stillen).

Außer unter Laborbedingungen ist es wirklich schwer, Futterbelohnungen so schnell aus dem Nichts erscheinen zu lassen.

Signal = Zeigefinger
nach oben,
Verhalten = Sitzen,
Verstärker = Futter

Die Konditionierungsarten kombinieren

Das Klassische und das Instrumentelle Konditionieren sind ganz interessante Experimente und waren, um das Thema Lernen zu begreifen, sehr wichtige Meilensteine. Nur einzeln kann man sie nicht so recht nutzen für das, was wir unter Hundeausbildung verstehen. Wenn wir beide Lernformen aber geschickt miteinander verbinden, ergeben sie ein wichtiges Werkzeug.

In der Praxis heißt das: Wenn ich sehe, dass sich mein Hund gleich setzt, hebe ich den Zeigefinger nach oben. Wenn der Hund sich gesetzt hat, gebe ich ihm schnell eine Futterbelohnung. Wenn der Hund Hunger hat, wird die-ser gestillt und der Hund wird die Emotion Freude empfinden. Nach einigen Wiederholungen wird er merken, dass es Spaß macht, sich zu setzen, wenn Sie den Zeigefinger heben. Er wird lernen: Auf den Menschen zu achten, nach ihm zu schauen, wird wichtig.

Der Zeigefinger nach oben ist in diesem Beispiel der konditionierte Reiz (das Signal). Das Verhalten ist, dass der Hund sich setzt.

Sobald das Signal zuverlässig mit dem Verhalten verknüpft ist, wird der Hund nicht mehr belohnt, wenn er sich ohne das erlernte Signal setzt.

Was nun für uns noch unkomfortabel ist, ist die Sache mit dem Timing. So schnell immer die Leckerli aus der Tasche zu holen, ist fast nicht möglich.

Klassische und Instrumentelle Konditionierung kombinieren				
Neutraler Reiz	0,5 – 1 Sek.	Verhalten	0,5 – 1 Sek.	Verstärkung
Handzeichen	0,5 – 1 Sek.	Hund setzt sich	0,5 – 1 Sek.	Futter

Klassische Konditionierung   Instrumentelle Konditionierung

Verhalten und Konsequenz

Jedes Verhalten hat eine Konsequenz:

> Wenn Sie einatmen (Verhalten), füllen sich Ihre Lungen mit Sauerstoff (Konsequenz), dieser geht in den Blutkreislauf.

> Wenn Sie sich eine Plastiktüte über den Kopf ziehen und atmen (Verhalten), wird der Sauerstoff weniger und Sie ersticken (Konsequenz).

> Wenn Sie ein Brot essen (Verhalten), nehmen Sie Kalorien zu sich (Konsequenz), die Ihr Körper verbrennen oder einlagern kann.

> Wenn Sie ein Brot essen (Verhalten), haben Sie danach keinen Hunger mehr (Konsequenz).

Diese Liste ist ewig weiterzuführen. Achten Sie einmal selbst darauf, wie viele Verhaltensweisen Sie in einer Stunde zeigen. Überlegen Sie sich, welche Verhaltensweisen angeboren sind und welche Sie erlernt haben. An manche Situationen, in denen man bestimmte Verhaltensweisen gelernt hat, kann man sich erinnern.

Das „internationale" Handzeichen für Sitz

In diesem Kapitel lohnt es sich, die eigenen Emotionen zur Seite zu schieben und analytisch und sachlich zu denken. Bei einem erfolgreichen Hundetraining bestimmen Sie, welche Konsequenz das Verhalten Ihres Hundes hat. Die Tabelle (S. 18) zeigt: Sie haben vier Möglichkeiten, auf ein Verhalten zu reagieren.

„Signal kam, ich hab Sitz gemacht, wo bleibt meine Belohnung!?"

Bestärkung und Bestrafung

In diesem Modell ist „positiv" und „negativ" mathematisch zu betrachten: Positiv (+) bedeutet: Es kommt etwas dazu. Negativ (–) bedeutet: Es fällt etwas weg.
> Bestärkung bewirkt: Das Verhalten wird stärker, öfter gezeigt.
> Bestrafung bewirkt: Das Verhalten wird schwächer oder stirbt.

Wir werden nur mit der positiven Belohnung und der negativen Bestrafung arbeiten. Ganz ohne Strafe geht es nicht, denn wenn wir alles belohnen, was der Hund an Verhaltensweisen zeigt, ist der Hund satt, hat aber nicht gelernt, ein Verhalten zu zeigen, das wir bevorzugen.

Wenn wir mit unserem Hund SITZ üben und er zeigt das Verhalten „Anspringen", werden wir das Anspringen nicht belohnen (negative Bestrafung).

Die Emotionen Freude und Frust liegen so weit auseinander, dass sich der Hund in der Regel für Freude und Erfolg entscheidet. (Sie erinnern sich? Hunde machen am liebsten das, was ihnen Spaß macht und aus ihrer Sicht Erfolg bringt.)

Der Clicker als Trainingshilfsmittel

Der Clicker kommt in unterschiedlichen Formen und Farben vor und letztendlich würde auch ein Kugelschreiber oder ein leeres Elektrofeuerzeug diesen Dienst erfüllen. Welchen Clicker Sie wählen, bleibt Ihnen überlassen, probieren Sie einfach verschiedene Modelle aus.

Ganz wichtig ist: Der Clicker ist „nur" ein Trainingshilfsmittel. Man muss nicht alles clicken, es gibt auch gut trainierte Hunde, die ohne Clicker

Bestärkung und Bestrafung im Überblick		
Aktion	Übersetzung	Emotion beim Hund
Positive Bestärkung = Erfolg	etwas Angenehmes beginnt (z. B. Leckerli geben, Spiel, Sozialkontakt)	Freude, Erfolg
Negative Bestrafung = Misserfolg	etwas Angenehmes hört auf (z. B. kein Leckerli, kein Spiel, kein Sozialkontakt)	Frust
Positive Bestrafung = Schmerz	etwas Unangenehmes beginnt (z. B. Schlag, Leinenruck, Bedrohung)	Angst
Negative Bestärkung = Erleichterung	etwas Unangenehmes endet (z. B. nach dem Lösen des Würgehalsbands bekommt der Hund wieder Luft)	Erleichterung

Finden Sie den Clicker, mit dem Sie gerne arbeiten.

toll arbeiten, und das Ziel sollte immer sein, den Clicker am Ende des Trainings aus der Übung auszuschleichen. Denn berechtigterweise ist häufig die Kritik zu hören: „Ich will aber die nächsten zehn Jahre nicht mit dem Clicker in der Hand herumlaufen!" Braucht auch keiner, mache ich auch nicht, wäre auch Unfug.

Am Ende des Buches zeige ich Ihnen, wie Sie Trainingshilfsmittel ausschleichen, also wieder loswerden (Seite 118).

Der Clicker ist also ein Mittel, das uns im Training helfen soll. Wie das?

Hunde können Geräusche mit spielender Leichtigkeit wiedererkennen. Worte dagegen werden nur schwer erlernt, und sie hören sich bei jedem Familienmitglied anders an. Wenn ich also nun mit einem CLICK signalisiere,

„Das, was du da gerade machst, ist soo toll!!! Dafür hast du eine Belohnung verdient!", erleichtere ich dem Hund das Lernen. Er bekommt eine einfache und klare Rückmeldung.

Wenn ich dem Hund das Lernen erleichtere, werde ich schneller zum Ziel kommen und der Hund wird weniger Frust erfahren. Lernen macht dann auf beiden Seiten mehr Spaß. Und alles was Spaß macht, wird der Hund länger, öfter, stärker zeigen.

Tipp | Wichtiges Timing

Ein Hund kann die Konsequenz seines Verhaltens nur dann auf sein Verhalten beziehen, wenn das Zeitfenster von 0,5 – 1 Sekunde nach dem Verhalten eingehalten wird.

Beim Training mit dem Clicker gehört das Trainingshilfsmittel in die Hand.

Woher weiß der Hund, was CLICK bedeutet?

Jetzt können Sie tief in Ihre Trickkiste greifen und das „Klassische Konditionieren" hervorzaubern. Nehmen Sie einen Hund mit ausreichend Appetit (Motivation) und ganz tolle Leckerli: das, was Ihr Hund am liebsten mag. Bereiten Sie 15 Stückchen vor und verstauen diese sicher in der Tasche oder auf dem Tisch. Ein Leckerli nehmen Sie in die geschlossene Hand und lassen Ihren Hund daran riechen. Ist Ihr Hund interessiert, bedienen Sie den Clicker (es sollte nun Clickclack gemacht haben), *danach* (0,5 – 1 Sekunde *nach* dem Clickclack), öffnen Sie Ihre Hand mit dem Leckerli für Ihren Hund.

Das Timing

Sie sollten ein gutes Gefühl für eine halbe Sekunde und eine Sekunde bekommen. Man spricht hier auch vom Timing. Ist das Timing schlecht, wird das Training schlechter bzw. langsamer.

Die Konditionierung des Clickers		
CLICK	+ Futter (0,5 – 1 Sek später)	-> Speichelfluss und Freude
Neutraler Reiz	+ positiver Reiz (0,5 – 1 Sek später)	-> Reflexantwort
Nach einigen Wiederholungen (ca. 15x):		
CLICK		-> Speichelfluss und Freude
Positiver, reflexauslösender Reiz		-> Reflexantwort

Das Wort „einundzwanzig" zu sagen, dauert etwa eine Sekunde. Sie können dies auch für sich vor einer Uhr testen: „Ein" – $^1/_4$ Sekunde, „und" – $^1/_4$ Sekunde, „zwan" – $^1/_4$ Sekunde, „zig" – $^1/_4$ Sekunde. Oder: „Einund" – $^1/_2$ Sekunde, „zwanzig" – $^1/_2$ Sekunde. Für unsere Übung heißt das: CLICK – „Einund" – Hand auf!

Lernziel: Der Hund soll lernen, dass *nach* dem Click eine Belohnung folgt.

Der Clicker kündigt eine Belohnung an. Wiederholen Sie dies 15-mal hintereinander, so sind sie auf der sicheren Seite.

Sie wundern sich, dass die Worte „nach" und „danach" so betont wurden? Einer der klassischen Fehler ist es zu clicken, wenn der Hund das Leckerli bekommt oder sogar frisst. Aber das ist ja nicht das, was Sie Ihrem Hund beibringen wollen: Es macht immer Clickclack, wenn ich dir einen Keks in den Mund schiebe, bzw.: Es macht immer Clickclack, wenn du frisst.

Wählen Sie für diese Übung einen ruhigen Moment in der Wohnung. Üben Sie zunächst den Ablauf ohne Hund. Der Hund sollte sich wohl und sicher fühlen und keiner unnötigen Ablenkung ausgesetzt sein.

Diese Übung brauchen Sie nur ein einziges Mal zu machen. Schade, das war die einfachste von allen für den Hund. Aber die anderen machen mehr Spaß!

Beim Training gehört der Clicker immer in die Hand. In der Hosentasche oder im Belohnungsbeutel ist er nutzlos. Es liegt in Ihrer Hand!

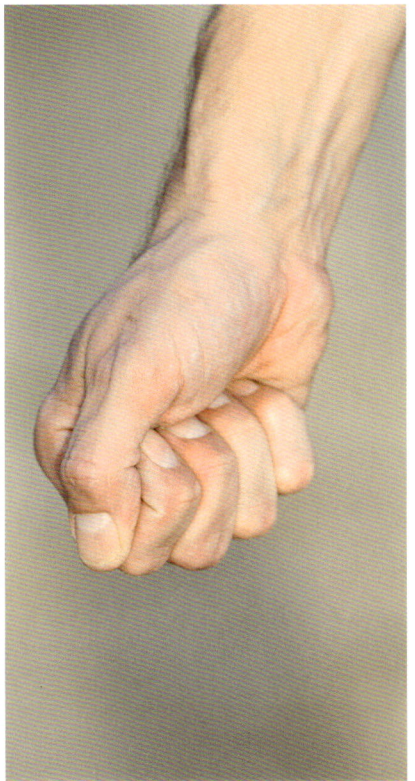 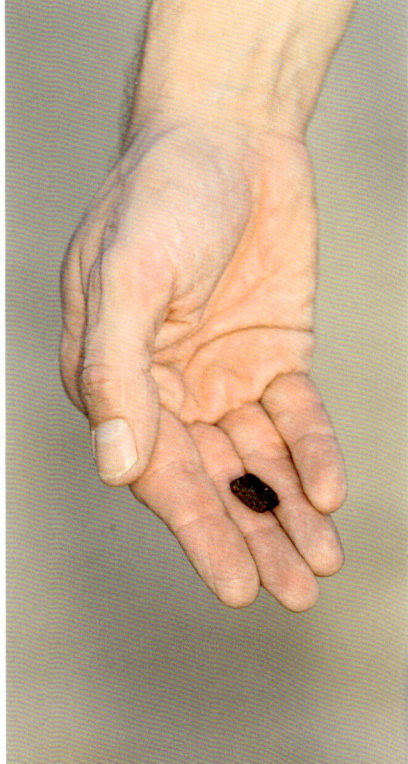

Faust mit Leckerli, CLICK!, Futter erscheint danach.

Den Hund für sein Futter arbeiten zu lassen, ist eine gute und artgerechte Idee.

Motivation und Belohnung

Motivation ist die Triebkraft für Verhaltensweisen. Motivation steigert die Handlungsbereitschaft und ist das Streben nach Zielen. Ohne Motivation ist Lernen nur schwer möglich, aber das wissen Sie sicher noch aus Ihrer eigenen Schulzeit.

Wenn der Hund sein Futter selbst erarbeiten muss und dies nicht mehr grundsätzlich abends gratis bekommt, wird seine Motivation, Futter zu bekommen, steigen.

Eine Belohnung sollte zu der Motivation des Hundes passen, also Futter bei Hunger oder Appetit; ein Ball, wenn der Hund an Bewegungsspielen inter-

Besondere Leistungen werden besonders belohnt.

Der Lieblingsball als Belohnung setzt eine Menge Training voraus.

essiert ist, und ein Tau, wenn seine Motivation auf Zerrspiele gerichtet ist.

Die Futterbelohnung ist die einfachste Belohnung für beide Seiten. Der Mensch präsentiert nach dem CLICK das Futter, und das verschwindet im Hund. Die Motivation Appetit kann der Mensch gut regeln (z.B. kein Frühstück für den Hund, sondern Arbeit mit Futterbelohnung beim ersten Spaziergang des Tages), die Hunde sind in der Regel nicht zu aufgeregt und das Futter ist nach Gebrauch als Belohnung weg. Keine Hunde können sich nun darum streiten, Sie brauchen sich nicht die Belohnung wiedergeben lassen und nicht den angesabberten Ball in die Tasche stecken.

Spiel als Belohnung dauert nicht länger als 10 Sekunden, danach muss das Spielzeug sicher und unsichtbar verstaut werden, das ist nicht immer appetitlich. Zudem muss der Hund die Übung „Aus" (ab S. 89) sicher beherrschen. Und nicht alle Hunde spielen! Fressen müssen sie alle!

Tipp │ Futter aufteilen

Ihr Hund bekommt abends, wenn kein Training mehr stattfindet, 1/3 der Tagesration gratis als Abendmahlzeit. Die anderen 2/3 bekommt der Hund während des Trainings als Belohnung. Dies sollte dem Hund aber deutlich besser schmecken als das Gratisfutter. Wenn Sie Trockenfutter verwenden, können Sie 2/3 der Tagesration geruchlich und geschmacklich verbessern, indem Sie sie über Nacht mit etwas klein geschnittener Wurst oder Käse versetzt in einer Plastikdose oder -tüte lagern und dies am nächsten Tag als Trainingsfutter verwenden.

Für Sie hört sich das hart an? Bitte bedenken Sie, dass Raubtiere dafür geschaffen sind, ihr Futter selbst zu erarbeiten. Mittlerweile werden auch in Zoos den Tieren Möglichkeiten angeboten, ihr Futter selbst zu erarbeiten. Es fühlt sich einfach gut an, Erfolg zu haben!

Arten von Signalen

Signal oder Kommando?

Früher sprach man nicht von Signalen, sondern von Befehlen oder Kommandos. Da es aber einen negativen Beigeschmack hat, den Hund herumzukommandieren oder Befehle zu erteilen, nutze ich hier das Wort Signale. Signale können unterschiedliche Formen haben, hier geordnet nach der Wertigkeit für den Hund.

Haptische Signale

Haptische (gefühlte) Signale
Beispiel: Druck auf dem Po = SITZ
Haptische Signale sind sehr starke Signale. Dennoch sind sie in der Ausbildung sehr unpraktisch, man muss immer eine Hand freihaben und der Hund muss sich direkt bei einem befinden. Für alle Verhaltensweisen, die auch auf Entfernung gezeigt werden sollen, funktionieren diese Signale nicht. Ein weiterer Nachteil: Der Hund erlernt nicht die Notwendigkeit, nach seinem Halter zu schauen.

Olfaktorische Signale

Olfaktorische (geruchliche) Signale
Beispiel: Sprengstoffgeruch = SITZ
Sie funktionieren für den Hund sehr gut (denken Sie nur an läufige Hündinnen, die ihre Vermehrungsbereitschaft per Geruch signalisieren), leider sind wir Menschen „nasenblind" und können nur schwer damit arbeiten. Letztendlich ist es für den Hund aber möglich zu lernen, sich bei der Wahrnehmung eines bestimmten Geruchs zu setzen.

Optische Signale

Optische (sichtbare) Signale
Beispiel: Erhobener Zeigefinger =
SITZ
Handzeichen mit Bewegung sind für
das Raubtier Hund gut zu erkennen.
Da Hunde über Körpersprache
kommunizieren, ist dies die natür-
lichste Sache der Welt. Zusätzlich
erlernt der Hund die Wichtigkeit,
nach seinem Halter zu schauen.
Trotzdem erlernen Hunde eine
Fremdsprache, wenn sie unsere
Körpersprache erlernen.

Akustische Signale

Akustische (hörbare) Signale
Beispiele: Pfiff = SITZ; gesprochenes
„Sitz!" = SITZ
Gleichbleibende Geräusche sind für
den Hund einfacher zu erlernen als
gesprochene Wörter. Je nach unse-
rer eigenen Verfassung kann das
Wort „Sitz!" schon sehr variieren.
Ein für Hunde nur schwer lösbares
Problem.

Überschattungen

Gibt man zwei verschiedene Signale
gleichzeitig, kann es zu einer Überschattung kommen. Ein Beispiel:
Das akustische Signal „Sitz!" sagen
und gleichzeitig das optische Signal
(erhobener Zeigefinger) für Sitz
zeigen.
In der Regel wird sich der Hund auf
das für ihn stärkere Signal konzentrieren (erhobener Zeigefinger,
optisches Signal) und das für ihn
schwächere Signal ausblenden
(„Sitz!", akustisches Signal).
Es kann aber auch zu einer Klassischen Konditionierung kommen,
wenn der Hund immer das akustische Signal „Sitz!" hört, während er
sich hinsetzt.
Wir können nicht voraussehen, wie
und was ein Hund lernt. Deshalb
verwenden wir zunächst ausschließlich optische Signale, dann
geben wir optische Signale und
akustische Signale „gleichzeitig".
Später beginnen wir die Signale
deutlich voneinander getrennt zu
geben, so dass Ihr Hund am Ende
des erfolgreichen Trainings die
Sichtzeichen und die Hörzeichen
zuverlässig erlernt hat.

Angst vorm Tierarzt muss nicht sein. Medical Training ist das Zauberwort.

Konditionierung zweiter Ordnung

Ist ein bestimmter Reiz (Signal) gut konditioniert (erlernt), kann er als unkonditionierter Reiz für einen anderen Reiz dienen.

Im Hundealltag könnte das auch so aussehen: Der Hund ist beim Tierarzt, die Behandlung war für den Hund schmerzhaft. Beim nächsten Tierarztbesuch hat der Hund bereits Angst, das Behandlungszimmer zu betreten. Bei einem weiteren Tierarztbesuch hat der Hund schon Angst im Wartezimmer. Nach einigen Besuchen hat er dann Angst, die Praxis zu betreten, da es für den Hund die letzten Male schon im Wartezimmer unangenehm war. Später kann der Hund dann schon Angst im Auto haben, wenn man in die Straße einbiegt, in der die Tierarztpraxis ist.

Wir erinnern uns: Lernen beim Hund funktioniert besonders gut, wenn Lernerfahrungen mit Emotionen verknüpft sind. Angst löst Meideverhalten oder Aggression aus.

Konditionierung zweiter Ordnung		
Neutraler Reiz	**+ reflexauslösender Reiz**	**= Reflexantwort**
Glocke	+ Futter	= Speichelfluss
Licht	+ Glocke + Futter	= Speichelfluss
Nach einigen Wiederholungen		
Licht		= Speichelfluss

Wird der Hund so dem Tierarzt vorgestellt, kann dieser ihn gut untersuchen.

Vorbeugen kann man solchen für alle Seiten unangenehmen Situationen, indem der Hund möglichst viele positive Erfahrungen macht. Vor allem, wenn man damit rechnen kann, dass unangenehme Erfahrungen in einer bestimmten Situation gemacht werden können.

Tierarztbesuche kann man üben, dazu mehr auch im praktischen Teil des Buches (ab Seite 84).

Positive Tierarztbesuche

Ein medizinisches Training als Vorbereitung auf angstfreie Tierarztbesuche umfasst viele Aspekte:

› Der Hund hat Vertrauen zu Menschen und viele positive Erfahrungen mit Menschen gemacht.
› Der Hund hat gelernt, stillzuhalten und sich überall halten und anfassen zu lassen.
› Der Hund macht möglichst positive Erfahrungen schon im Welpenalter beim Tierarzt.
› Der Hundehalter kann den Tierarzt unterstützen, indem er den Hund selbst hält und handelt, wie z. B. oben im Bild gezeigt

› Medical Training: der Hund hat alle Untersuchungsübungen gelernt.
› Der Hund wird an einen OP-Body, Verbände an verschiedenen Körperteilen usw. gewöhnt, ohne vorliegende Verletzung.
› Der Hundehalter ist beim Tierarzt ruhig und gelassen, es besteht ein Vertrauensverhältnis zum Tierarzt.
› Die Grundversorgung des Hundes ist so, dass Krankheiten und Verletzungen so selten wie möglich auftreten (passendes Futter, genügende und angemessene Bewegung und Beschäftigung, regelmäßige Impfungen und Vorstellen des Hundes beim Tierarzt, den Hund auch zum Abholen von Wurmkuren usw. mitnehmen, den Hund gut beobachten, lieber einmal zu oft zum Tierarzt gehen).

Viele Tierärzte bieten auf Nachfrage auch an, den Hund im Behandlungsraum auf dem Untersuchungstisch zu füttern, ohne große Untersuchung (Frühstück beim Tierarzt).

Gelerntes generalisieren

Grundsätzlich versteht man unter Generalisierung eine Verallgemeinerung. Wie Sie nun wissen, kann durch Lernen auf einen Reiz eine bestimmte Reaktion abgerufen werden. Ist dies gefestigt, kann sich der Reiz zunächst leicht verändern, später auch stärker. Der Hund zeigt nun, durch die Generalisierung, trotz veränderter Reize die gleiche Reaktion.

Ein Beispiel: Der Hund wird mit Clicker A angeclickert und zwei Wochen trainiert. Der Clicker A geht verloren, also wird mit Clicker B (gleiches Modell, ähnlicher Klang) weitergearbeitet. Ihnen gefällt nach einigen Wochen Clicker C (gleiches Modell, ähnlicher Klang) aber farblich besser, Sie trainieren mit dem weiter. Auf einer Messe finden Sie weitere praktische und hübsche Modelle D, E, F, G und H (ich kenne Menschen, die sammeln verschiedene Clickermodelle). Ihr Hund hat nun einige kennengelernt und arbeitet mit allen gleich gut. Er hat das Clickergeräusch generalisiert.

Ein weiteres Beispiel zur Generalisierung finden Sie im Beispiel zur Umkonditionierung auf den Seiten 35 und 36.

Foto rechte Seite:
Freude am Lernen sollte bei Hund und Halter im Vordergrund stehen.

Strafe in der Hundeausbildung

Wo im Hundetraining mit Belohnung gearbeitet wird, ist automatisch auch Strafe anwesend. Das glauben Sie nicht? Überzeugen Sie sich selbst, es geht nicht anders (sonst ist es Hundefüttern, nicht Hundetraining)!

Stellen Sie sich vor, Sie üben mit Ihrem Hund schon einige Zeit „Sitz" und Sie möchten ihn jetzt für 5 Sekunden Sitzenbleiben belohnen. Ihr Hund führt die Übung einige Tage richtig aus, er bekommt in der 5. Sekunde den CLICK und danach ein Leckerli aus der Tasche.

Am nächsten Morgen steht der Hund nach 3 Sekunden auf und schaut Sie erwartungsvoll an. Da das von Ihnen gesetzte Trainingsziel – 5 Sekunden „Sitz" – nicht erreicht wurde, geben Sie keine Belohnung. Sie arbeiten mit einer Strafe, der sogenannten negativen Bestrafung.

Es finden sich immer wieder Hundetrainer, die damit werben, „ohne Belohnung und ohne Strafe" zu trainieren. Wie Sie nun wissen, ist dies nicht möglich. Es handelt sich um eine Art „Missverständnis".

Strafen im Überblick		
Art der Strafe	Positive Strafe	Negative Strafe
Wie	etwas Unangenehmes wird zugeführt	etwas Angenehmes wird entzogen
Emotion	Angst, Schmerz	Frust
Verhalten	Meideverhalten	Verhaltensunterbrechung
Nachteil	Gewöhnung, Timing (0,5 – 1 Sek.) oft schwierig, Gefahr von Fehlverknüpfungen	bewirkt nur eine kurze Unterbrechung des Verhaltens

Konditionierte Positive Strafe

Der Umgang mit Strafe muss immer sehr überlegt eingesetzt werden. Fair ist es, egal für welche Art der Strafe, eine „Vorwarnung" auszusprechen. So hat der Hund die Möglichkeit, sein Verhalten zu korrigieren und der Strafe dadurch zu entgehen. Die „Vorwarnung" muss erlernt werden, ein Signal wird auftrainiert/konditioniert (Seite 14).

Über das Klassische Konditionieren lässt sich also mit einigen Wiederholungen auf Signal die Emotion „Angst" abrufen. Lerntechnisch ist das kein Problem, und auf dem Papier auch nicht.

Gefährliche Nebenwirkungen

Die erste Frage, die sich aber jeder Hundehalter vor dem ersten Training stellen muss, ist: Wie stark muss ich meinen Hund bedrohen, ihm Schmerzen zufügen oder ihn erschrecken, damit er Angst bekommt? Denn nur dann empfindet der Hund die Positive Strafe als Bestrafung, die ihn dazu bringen könnte, von Ihnen unerwünschte Verhaltensweisen zu unterlassen und möglichst, nach einigen Trainingswiederholungen, diese nicht mehr zu zeigen. Können Sie das wirklich? Ein bisschen Erschrecken reicht nicht und funktioniert nicht.

Eine weitere Frage, die sich stellt, ist: Was ist, wenn der Hund die Strafe mit Ihnen verbindet und Ihnen gegenüber Meideverhalten zeigt? Was ist, wenn es zu einer Fehlverknüpfung kommt und der Hund eine Angst vor Fahrradfahrern entwickelt? Kommt es dann zu einer Generalisierung, kann der Hund als Folge davon Angst vor fahrenden Kinderwagen, Rollern, Skateboards, Inlinern ... entwickeln. Was ist, wenn sich aus der Angst eine Aggression entwickelt?

Wir haben in unserer Hundeschule schon viele Hunde gehabt, die Aufgrund von sorglosem Umgang mit der Positiven Strafe Angststörungen erlitten haben. Ich schreibe hier von Beispielen, die unter fachlicher Anleitung trainiert wurden.

Praxisbeispiel 1

Petra ging mit ihrer großen, 50 kg schweren Mix-Hündin Prima seit einiger Zeit auf einen Hundeplatz. Prima war ein freundlicher, gemütlicher Hund, ein richtiges Zotteltier. Sie machte gut mit, war aber in Anwesenheit der vielen anderen Hunde oft abge-

Vorwarnung trainieren/Positive Strafe		
Neutraler Reiz	0,5 – 1 Sek. später reflexauslösender Reiz	Reflexantwort
„Nein", Rappeldose, Wurfkette	0,5 – 1 Sek später Bedrohung, Schmerz, Schreck	Angst
Nach einigen Wiederholungen		
„Nein", Rappeldose, Wurfkette		Angst

Strafen haben unerwünschte Nebenwirkungen.

lenkt und beeindruckt. Das führte dazu, dass Petra geraten wurde, Prima zu bestrafen, wenn sie langsam reagierte. Kräftiger Leinenruck und den Befehl barsch wiederholen wurden als Strafe eingesetzt. Beim Loslaufen aus dem Sitz im Fuß sollte Petra ihre Hündin beim Loslaufen in den Hintern treten, damit diese schneller aufsteht.

Die Strafen wurden ihr mit Prima vorgemacht, Prima wurde immer langsamer. Prima wurde dafür noch härter gestraft. Das Ergebnis war eine 50-kg-Hündin, die anfing sich zu weigern, das Gelände zu betreten (Konditionierung 1. Ordnung).

Irgendwann lief sie nicht mehr den Weg zum Hundeplatz (Konditionierung 2. Ordnung), zum Schluss weigerte sie sich, an der Haltestelle aus der Bahn auszusteigen (Konditionierung 3. Ordnung). Sie legte sich einfach hin.

Da es Probleme mit dem Laufen an der lockeren Leine gab, kam Petra mit Prima zu mir auf das Trainingsgelände.

In den ersten Minuten war alles ok. Prima war entspannt, die Menschen redeten, die Stimmung war entspannt, alles war gut. Dann sollte Petra mit Prima an der Leine über das Trainingsgelände laufen … und da passierte es. Prima nahm kein Futter mehr, hatte riesige Augen und bewegte sich nicht mehr von der Stelle. Sie hatte die Situation wiedererkannt! Und sie hatte jetzt auch Angst vor MIR! Gleichzeitig misstraute sie ihrer Besitzerin. Ein Bild des Jammers!

Die nächsten Wochen haben wir uns immer wieder am Gelände und auf dem Trainingsplatz getroffen, haben auf Stühlen gesessen und eine Tasse Kaffee getrunken. Prima entspannte sich nach und nach und konnte dann auch unter Beobachtung arbeiten.

Eine weitere Möglichkeit wäre gewesen, im „echten Leben" zu trainieren. Aber Prima hätte so die Angst vor Trainingssituationen nicht ablegen können.

Der Hund hält höflich Abstand zum Futter, die Besitzerin lächelt zufrieden (optisches Signal).

Praxisbeispiel 2

Herbert, ein imposanter Husky-Rüde, lief weg, wenn er von der Leine gelassen wurde, und kam nicht auf Zuruf zurück. In der Vorgeschichte wurde in einer Trainingseinheit mit einem Elektrohalsband gearbeitet. Der Hund bekam dieses umgelegt und wurde auf freiem Feld von der Leine gelassen. Herbert rannte, die Nase am Boden, über einen Acker. Die Besitzer riefen. Da Herbert nicht umdrehte, bekam er über die Fernbedienung einen ordentlichen Stromschlag (Positive Bestrafung). Das sollte Herbert eine Lehre sein! Herbert kam aber nicht zurück … nein, er lief schneller weg. „Herbert, Komm!" + wiederholter Stromschlag (Klassische Konditionierung). Herbert rannte, trotz weiteren Rufen und Stromstößen immer weiter – auf eine Bundesstraße.

Als die Besitzer mit Herbert zu uns kamen, stellte sich im Gespräch heraus: Niemand hatte Herbert wirklich beigebracht, was er tun soll, wenn er gerufen wird. Als ich mir den Ist-Zustand anschaute, offenbarte sich Schreckliches: Wurde Herbert gerufen „Herbert, Komm!", bekam er Angst und rannte weg von den Besitzern. Ein trauriges Bild.

Aber Herbert war extrem verfressen und liebte Thunfisch. Herbert be-

kam ein neues Signal, anstatt „Herbert, Komm" wurde der Rückruf mit „Ici!" trainiert. Zum ersten Mal in seinem Leben bekam er ein richtiges Training mit positiver Belohnung unter Verwendung einer Schleppleine und seinen geliebten Thunfischs, püriert aus der Tube.

Es stellte sich heraus, dass er viel Spaß am Training hatte und gern mit seinen Besitzern arbeitete. Herbert lief, je nach Umgebung, nach dem Training viel ohne Leine und kam sehr zügig zurück.

(Achtung! Die Verwendung solcher Halsbänder ist in Deutschland zu Recht verboten!)

Damit Positive Strafe „funktioniert"

> Die Strafe muss für den Hund erkennbar mit seinem Verhalten zusammenhängen, d.h. innerhalb von 0,5 – 1 Sekunden erfolgen.

> Die Strafe muss vom ersten Mal an massiv sein, stufenweise Steigerung funktioniert nicht.

> Die Strafe muss jedes Mal erfolgen, wenn das unerwünschte Verhalten gezeigt wird.

> Es muss eine alternative, erwünschte Verhaltensweise möglich sein und verstärkt werden.

Futter einfach aus der Hand nehmen, findet die Besitzerin nicht so gut ... Positive Strafe? Negative Strafe?

Schwierigkeiten im Umgang mit Positiver Strafe

> Die Auswirkungen von Strafe können nicht vorher kontrolliert werden.
> Da im „echten Leben" nur unregelmäßig bestraft werden kann, wird das Verhalten nicht vollständig verschwinden.
> Der Hundehalter ist nicht in der Lage, seinen Hund und dessen Verhalten 100%ig zu „überwachen".
> Es erfolgt eine Gewöhnung an Strafe.
> Die Strafe muss immer wieder auch wiederholt werden.
> Wird mit dem Hund nicht die erwünschte Verhaltensweise trainiert und belohnt, kann eine Strafe (Aufmerksamkeit des Menschen) auf den Hund als Belohnung wirken.
> Strafe führt oft zu neuen, unerwünschten Verhaltensweisen (Reduzierung der Aktivität, Reduzierung der Flexibilität, Meideverhalten, Unsicherheit, Aggressivität ...).
> Lernen wird erschwert oder verändert.
> Die Beziehung und das Vertrauen zwischen Hund und Halter verschlechtern sich.

Sie sehen, der verantwortungsvolle Umgang mit Strafe ist schwierig, da viele unerwünschte Nebeneffekte auftreten können, die niemand voraussagen kann. Ich möchte daher nochmal darauf hinweisen: Machen Sie keine Experimente mit Ihrem Hund!

Konditionierte Negative Strafe

Die Negative Strafe (etwas Angenehmes entfällt) ist die andere Form der Strafe, auch sie muss verantwortungsbewusst eingesetzt werden.

Hier wird im Training eine Vorwarnung auftrainiert. So hat der Hund die Möglichkeit, sein Verhalten zu korrigieren und der Strafe dadurch zu entgehen.

Ziel der Konditionierung ist, dass der Hund das Signal/den Reiz mit dem Misserfolg (= Frust) in Verbindung bringt. Nach erfolgreichem Training führt die Wahrnehmung des Frustsignals zur Verhaltensunterbrechung.

Die „Vorwarnung" muss erlernt werden, ein Signal wird auftrainiert (diese Übung finden Sie im Praxisteil, Seite 85).

Vorteil der Discs ist das gleichbleibende Geräusch (einfacher für den Hund). Nachteile der Discs sind Fehlverknüpfung bzw. Angst bei geräuschängstlichen oder stressempfindlichen Hunden.

Negative Strafe! Das Futter verschwindet nach „Schade". Dass auch diese Form der Strafe Stress verursacht, sieht man am abgewendeten Blick und dem Züngeln.

Zudem kann man die Discs zuhause vergessen, verlieren ... Der Nachteil des Wortsignals ist, dass Disziplin erforderlich ist, um immer den gleichen Klang zu erzielen.

Der zunächst größte Nachteil der Negativen Strafe besteht aber darin, dass nur eine kurzfristige Verhaltensunterbrechung erzielt werden kann. Die Motivation für das gezeigte Verhalten wird nicht grundlegend verändert. Trotzdem ist diese Strafe sehr effektiv, wenn man sie für die Umkonditionierung nutzt.

Vorwarnung trainieren/Negative Strafe		
Neutraler Reiz	0,5 – 1 Sek. später reflexauslösender Reiz	Reflexantwort
„Schade", Klappern mit Discs	0,5 – 1 Sek. später: Futter verschwindet	Frust, Verhaltensunterbrechung
Nach einigen Wiederholungen		
„Schade", Klappern mit Discs		Frust, Verhaltensunterbrechung

Umkonditionierung – besser als nur Strafe

Die Umkonditionierung ist die effektivste Methode, um ein unerwünschtes Verhalten auf Dauer zu ändern. Sie ist eine Kombination aus der Negativen Strafe (Frust) und der Positiven Belohnung (Erfolg). In der modernen Hundeerziehung und in der erfolgreichen Tierverhaltenstherapie wird hauptsächlich über das Umkonditionieren an den unerwünschten Verhaltensweisen gearbeitet.

Unerwünschtes Verhalten wird mithilfe der konditionierten Negativen Strafe (Frust) unterbrochen oder durch Situationsmanagement der Erfolg für den Hund verhindert.

Sobald der Hund ein akzeptables Alternativverhalten zeigt, wird dieses durch die Positive Belohnung verstärkt.

Oft ist es sinnvoll, das gewünschte Alternativverhalten separat zu trainieren, damit es in der Situation gezielt abgerufen werden kann. Blickkontakt zum Halter als Alternativverhalten passt fast immer.

Trainingsbeispiele

„Schade" » 0,5–1 Sek. später: Futter verschwindet » Verhaltensunterbrechung » weglocken » 0,5–1 Sek. später: positive Belohnung. (Sie finden weitere Trainingsbeispiele im Praxisteil Seite 91)

Vorteil der Umkonditionierung:
> hohe Effektivität,
> geringes Risiko unerwünschter Lernprozesse und Ängste,
> bei fehlerhaftem Einsatz lernt der Hund lediglich das gewünschte Verhalten nicht,
> die Beziehung zum Halter wird nicht negativ beeinflusst.

Praxisbeispiel

Als ich meinen Border Collie Moss mit 1,5 Jahren übernahm, jagte er Vögel, Eichhörnchen ... Der Bewegungsreiz der Tiere und das Beschleunigen dieser durch kurzen schnellen Sprint war für den Hund genug Belohnung, er brauchte mich nicht dafür.

Ich habe die Selbstbelohnung für den Hund über Bewegungseinschränkung in solchen Situationen (Situationsmanagement) beendet. In dieser Trainingszeit trug er als Trainingshilfsmittel immer eine dünne Schleppleine am Geschirr. Tauchte ein Vogel auf, erblickte ihn Moss sofort. Dadurch, dass ich auf der Leine stand, konnte er sich nicht selbst belohnen und lossprinten. Die Verhaltensweise „Blickkontakt zum Halter" war eine seiner Lieblingsübungen. Nun stand er einige Meter entfernt von mir und wusste nicht so recht weiter. Nach einiger Zeit schaute er mich an, dieses Verhalten markierte ich innerhalb von 0,5–1 Sek. mit „CLICK!", die Futterbelohnung warf ich mit einer großen Bewegung hinter mich (weg vom Vogel), diese konnte er dann jagen. So hatte er seine Lieblingsbelohnung „Sprint" und eine Futterbelohnung.

Nach einigen Wochen wurde so ein auftauchender Reiz „Vogel" zum Signal für das Verhalten „Blickkontakt zum Hundehalter". Er flitzte beim Anblick eines Vogels sofort zu mir und bekam schon im Anflug ein Futterbröckchen geworfen. Die Umkonditionierung war erfolgreich und abgeschlossen. Ich brauchte also nicht mehr auf Vögel aufzupassen, Moss sah sie alle und meldete diese zuverlässig. Somit brauchten wir die Trainingshilfsmittel Schleppleine und Clicker nicht mehr für dieses Training. Seine Belohnung bekam er weiterhin.

Was hier auf den ersten Blick bedrohlich wirkt, ist ein schnelles Ablegen (mit Vorfreude auf die Belohnung) durch das akustische Signal „Plaaatz!"

fällt. Das ist Geschmackssache ...

Und er hat nach und nach das Verhalten auf andere Tiere ausgedehnt. Bei flitzenden Eichhörnchen ist er aufgeregt und saust zu mir („Ich hab ein Eichhörnchen gesehen! Ich hab ein Eichhörnchen gesehen!") – ein schönes Beispiel für das Thema Generalisierung. Bei raschelndem größerem Wild bleibt er stehen und guckt abwechselnd zum Wild und zu mir, ich lobe ihn dann und rufe ihn ab. Ab und an werfe ich ihm mal ein Spielzeug oder er bekommt ein Futterbröckchen.

Wie Sie sicherlich merken, bin ich vom Umkonditionieren wie auch von meinem Hund begeistert! Außerdem zeigt dieses Beispiel sehr schön, wie effektiv diese Form der Arbeit ist und dass Strafe nicht das ist, was den Hund einengt und beschränkt. Richtig angewendet, gibt eine angemessene Ausbildung und Erziehung über Positive Belohnung und Negative Bestrafung dem Hund die größtmögliche Freiheit! Sie gibt dem Hund Sicherheit und sie gibt dem Menschen Sicherheit. Beides zusammen ist wiederum gut für die Hund-Halter-Beziehung. Wenn sich ein Hund mit und bei Ihnen wohl und sicher fühlt, wird er gern für Sie arbeiten.

Handzeichen und akustische Signale

Heute schaut er mich noch immer an, wenn eine Krähe neben dem Weg sitzt. Ich melde ihm mit freundlichen Worten zurück, dass er den Vogel toll gesehen hat und ich nicht wüsste, was ich ohne ihn machen sollte. Manchmal kommt er zu mir, manchmal läuft er einen vorsichtigen Bogen um den Vogel. Warum er verschiedene Verhaltensweisen zeigt? Ich mag kreative Hunde und melde oft zurück, was mir alles ge-

Handzeichen sind für Hunde sehr leicht zu erlernen. Wie oft sehe ich in stolze, leuchtende Augen von Hundehaltern, die mir versichern, einen besonders schlauen Hund zu haben: „Ich brauche nichts sagen. Wenn ich den Finger hebe, setzt Struppi sich hin!"

Ja, Struppi ist tatsächlich ein schlauer Hund. Er kooperiert mit seinem

Menschen und versteht eine Fremdsprache! Denn natürlich kann kein anderer Hund einen Finger heben und Struppi so zuverlässig dazu bewegen, sich hinzusetzen.

Vorteile von Handzeichen
> Der Hund muss mehr nach Ihnen schauen, wenn Sie nicht ständig auf ihn einreden. – Er wird sich eher an Ihnen orientieren. Er kann Signale sehr schnell und erfolgreich lernen.
> Sie achten auf Ihre Körpersprache.
> Sie und Ihr Hund beeindrucken andere Mitmenschen.
> Wenn Ihr Hund im Alter taub oder schwerhörig werden sollte, können Sie trotzdem weiter mit ihm wie gewohnt kommunizieren.

Vorteile von akustischen Signalen
> Ihr Hund kann lernen, außer Sicht zu arbeiten.
> Sie können mit Ihrem Hund kommunizieren, wenn er sich optisch für etwas anderes interessiert.
> Gängige Stimmsignale (Sitz, Platz, Komm ...) sind fast allen Menschen bekannt und erleichtern den Umgang mit Ihrem Hund, wenn dieser einmal von jemand anders betreut wird (Krankheit, wichtige Termine).
> Sollte Ihr Hund im Alter eine Sehschwäche entwickeln oder blind werden, können Sie trotzdem weiter wie gewohnt mit ihm kommunizieren.

Sie sehen, wie so oft gibt es Vor- und Nachteile. Wir verknüpfen die Verhaltensweisen zunächst mit Sichtzeichen, die sind für Ihren Hund einfacher zu erlernen. Dadurch hat Ihr Hund (aber auch Sie) schnell viel Spaß und Erfolg beim Lernen. Sie und Ihr Hund erhalten alle Vorteile, die Sichtzeichen haben.

Das optische Signal für Sitz zieht die Hundenase förmlich nach oben. Hunde arbeiten gerne mit freundlichen und entspannten Menschen.

Hat Ihr Hund eine Verhaltensweise mit einem Sichtzeichen verknüpft, können Sie das Verhalten zuverlässig über Sichtzeichen auslösen. Jetzt trainieren wir das neue Signal/Hörzeichen auf, das durch ausgefeiltes Training, gutes Timing, viel Spaß und Erfolg für den Hund sehr sicher mit dem Verhalten verknüpft wird. Sie und Ihr Hund erhalten somit auch alle Vorteile, die akustische Signale haben.

In Kürze: Handzeichen, Hund beginnt sich zu setzen, Hörzeichen, Hund sitzt 2 Sekunden, Click, dann wandert die Hand zur Tasche und der Hund bekommt seine Belohnung.

Vom Handzeichen zum Hörzeichen

Ein mit Positiver Verstärkung auftrainiertes Signal wirkt selbst wie ein Verstärker. An das Signal sind die vielen positiven Emotionen, die der Hund beim Training hatte, geknüpft. Gut auftrainierte Signale haben häufig eine lange Belohnungsgeschichte. Sie kündigen dem Hund etwas Positives an und können so zum allgemeinen Stressabbau des Hundes beitragen.

Zu Beginn des Trainings werden wir zwei Wochen lang viel mit Signalen über Handzeichen arbeiten. Der Hund soll die Notwendigkeit erfahren, nach Ihnen zu schauen.

Die Handzeichen bzw. optischen Signale in diesem Buch sind als Vorschlä-

ge gedacht. Wichtig bei Handzeichen ist, dass sie sich gut voneinander abgrenzen, klar zu erkennen sind, den Belohnungspunkt anzeigen und mit Bewegung des Hundehalters verbunden sind. Bewegungsreize erkennt das Raubtier Hund am besten.

In der dritten und vierten Woche werden wir dem Hund die Hörzeichen beibringen, indem wir das Hörzeichen geben, während der Hund die Übung ausführt. Dazu lösen wir das Verhalten mit dem Handzeichen aus, das wir in den ersten zwei Wochen auftrainiert haben.

Übungs-Beispiel

Handzeichen für „Sitz" andeuten » Hund beginnt sich zu setzen » schnell Handzeichen zurücknehmen » danach

Kyra lässt Anke nicht aus den Augen, um kein Signal zu verpassen.

Hörzeichen „Sitz" geben, während der Hundepo nach unten geht » „21, 22" zählen » danach CLICK » danach wandert die Hand zur Tasche und der Hund bekommt eine Belohnung.

Für die meisten Menschen ist dies der einfachere Ablauf. Für den Hund ist es oft schwieriger, das Hörzeichen zu erlernen. Das Problem hierbei ist, dass das neue Signal zwischen zwei bekannten Signalen erfolgt (Sichtzeichen für Sitz und Hörzeichen Clicker). Hierbei kann es zu Überschattungen kommen (siehe auch Seite 25.)

Ab der fünften Trainingswoche arbeiten wir mit der Technik „Hörzeichen vor Handzeichen". Verallgemeinert kann man auch sagen: „Neues Signal vor altem Signal". Die effektivste Methode, um ein akustisches Signal

sicher aufzutrainieren, besteht darin, das Verhalten zuverlässig (mit 90 % Wahrscheinlichkeit) auszulösen. Hörzeichen „Sitz!" » 0,5–1 Sek. » danach Handzeichen für Sitz » Hund setzt sich hin » sobald der Hundepo den Boden berührt: CLICK » danach wandert die Hand in die Tasche und der Hund bekommt eine Belohnung.

Ihr Hund wird nach einigen Wiederholungen anfangen, sich nach dem Hörzeichen „Sitz!" hinzusetzen. Dann geben Sie das Handzeichen nicht. CLICK und eine tolle Belohnung aus der Tasche für den Hund.

Für die meisten Hundehalter ist diese Trainingsmethode schwieriger zu erlernen bzw. umzusetzen. Für die meisten Hunde ist dies die einfachere Methode, Hörzeichen zu erlernen.

Lerntheorie und Lernpraxis

Die beschriebenen Lerntheorien und ihre Inhalte sind extrem wichtig für jeden, der ein Lehrer oder Trainer für ein anderes Lebewesen sein möchte. Es sind lediglich Basisinformationen.

Der zu Trainierende, in diesem Fall unser Hund, unterliegt vielen Außenreizen, er hat eine Vorgeschichte, und bereits gemachte Erfahrungen mit den verknüpften Emotionen können nicht rückgängig gemacht werden. Die Genetik spielt eine große Rolle, und wir als Hundehalter sind auch nicht fehlerfrei und immer perfekt. Wir Hundehalter arbeiten in der Regel nicht unter Laborbedingungen, in denen wir die Bedingungen zum größten Teil in der Hand haben. Hundehalter möchten ein Familienmitglied und keine Laborratte. Deshalb geht in der Hundeausbildung nicht immer alles so glatt, wie man es sich wünscht.

Gerade aber deshalb sind die Lerntheorien wichtig und ein so sicheres Training wie möglich unabdingbar! Fehler passieren von selbst, und Schwierigkeiten und Herausforderungen gibt es genug.

Praxisbeispiele
Einem vierjährigen, selbstständig arbeitenden Jagdhund aus Italien, der dort bislang frei gelebt hat und nun hier in Deutschland ist, beizubringen,

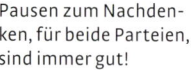

Pausen zum Nachdenken, für beide Parteien, sind immer gut!

bei seinem Menschen zu bleiben, auch unter der Ablenkung von Wild ansprechbar zu sein und stets ohne Leine zu laufen, ist fast aussichtslos. Wir bekommen immer wieder von Hundehaltern, die erwachsene Hunde aus dem Ausland adoptieren, Anfragen zu diesem Thema. Wir können die Trainingsumstände so gut wie möglich gestalten, aber nicht perfekt. Wir können ein gutes Management erarbeiten und den für das Individuum besten Trainingsplan mit vielen Erfolgen erarbeiten. Aber manchmal muss man als Hundehalter das Ziel verändern und es dem Hund und seinen Möglichkeiten anpassen.

Dann gibt es auch Wünsche, die wir aus ethischen Gründen ablehnen. Als erstes fällt mir eine Frau ein, die erwartete, dass ich ihrem Hund beibringe, aufs Klo zu gehen. Ich sagte ihr, dass ich es ablehne, Hunden beizubringen, in der Wohnung auf ein Katzenklo zu gehen, da Hunde Bewegung brauchen und man am besten mit ihnen gemeinsam spazieren geht. Sie schüttelte mit einem Augenrollen den Kopf und teilte mir mit, dass sie nicht das Katzenklo meine, das müsse sie dann saubermachen, und das wäre ihr alles zu aufwendig. Sie wolle, dass ihr Hund lernt, in die „Menschentoilette" zu machen …

Bei einem gut trainierten und zuverlässigen erwachsenen Rüden, der nicht mehr ansprechbar ist, wenn sich läufige Hündinnen in einiger Entfernung aufhalten, brauche ich gar nicht zu versuchen, ihn mit Leckerli zu trainieren, läufige Hündinnen zu ignorieren. Das wird nicht funktionieren. Gegen Sexualhormone zu trainieren, ist ab einem bestimmten Punkt zwecklos. Wir empfehlen in solchen Fällen eine, ggf. auch zunächst chemische, Kastration.

Auch einen temperamentvollen, zum Schnappen neigenden Terriermischling kann man so trainieren, dass er weniger schnappt, eine höhere Frustrationstoleranz und mehr Ruhe und Entspannung zeigt. Diesen Hund als Schulhund auszubilden, ist aber aus Sicherheitsgründen abzulehnen.

Ignorieren unerwünschter Verhaltensweisen ist oft, aber nicht immer die richtige Technik. Und bei einem so albernen Hund auch nicht immer einfach.

Das Ziel der ersten vier Trainingswochen ist, dass der Hund lernt, sich an Ihnen zu orientieren. Wir fördern die Kooperationsbereitschaft des Hundes und konzentrieren uns auf die Kommunikation über Körpersprache.
Sie haben Ihren Hund, wie auf S. 20 beschrieben, „angeclickert"? Los geht es mit den ersten Trainingsaufgaben!

Trainingsplan 1. Woche

Gedanke der Woche: Versuchen Sie in dieser Woche, sowenig wie möglich mit Ihrem Hund zu sprechen, damit Ihr Hund die Notwendigkeit erfährt, nach Ihnen zu schauen. Lächeln Sie, wenn Ihnen etwas gefällt; Click + Futterbelohnung, wenn etwas super war. Sie möchten einen Hund, der konzentriert mitarbeitet? Arbeiten Sie konzentriert!

Blickkontakt
Ziel: Ihr Hund beginnt aus eigenem Antrieb, sich für Sie zu interessieren und öfter nach Ihnen zu schauen.
So wird's gemacht: Ihr Hund ist an der kurzen Leine, Sie sind entspannt und in einer neutralen Haltung. Wenn Ihr Hund Sie von sich aus anschaut, lächeln Sie ihn an und belohnen ihn sofort mit einem Click. Nach dem Click wandert Ihre Hand zum Belohnungsbeutel und Ihr Hund bekommt eine Futterbelohnung.

Blickkontakt in Bewegung, eine Übung für Fortgeschrittene.

So ist es richtig: Lächeln, clicken, dann die Hand zum Futterbeutel und den Hund belohnen.

Auf einer langweiligen Parkplatzfläche gelingt dies zu Anfang recht gut. Bei Hunden, die sehr unsicher sind oder sich sehr leicht ablenken lassen, ist es auf alle Fälle sinnvoll, diese Basisübung zunächst einige Male in der Wohnung zu trainieren.

Diese zunächst so trivial scheinende Übung ist die wichtigste von allen! Ein Hund, der gelernt hat, viel nach Ihnen zu schauen, kann nicht gleichzeitig einen Hasen sehen, schnuppert weniger am Boden, lässt sich besser abrufen und läuft besser an der Leine.

Wie oft? 2–3 x täglich gezielt an verschiedenen Orten, 5–10 x nacheinander. Zusätzlich auch jeden freiwilligen Blickkontakt auf Spaziergängen clicken und belohnen (siehe auch Foto auf Seite 43).

Links: Das Handzeichen für Sitz mit Lockmittel.

Rechts: Der Hund wird nach oben/hinten gelockt.

„Sitz"

Handzeichen: erhobener Zeigefinger

Ziel: Der Hund erlernt über Locken ein Handzeichen und sich daraufhin schnell zu setzen.

So wird's gemacht: Halten Sie eine Futterbelohnung zwischen den Fingerspitzen von Daumen und Mittelfinger, den Zeigefinger strecken Sie nach oben. (Bei kleinen Hunden ist es von Vorteil, in die Hocke zu gehen, damit Sie sich nicht über Ihren Hund beugen. Dieser könnte dies als Bedrohung empfinden und rückwärts ausweichen.) Halten Sie Ihrem stehenden Hund die Futterbelohnung direkt vor die Nase und führen Sie sie nun langsam nach hinten und leicht nach oben. Click + Futterbelohnung, sobald der Po des Hundes den Boden berührt.

Achten Sie darauf, wie schnell Ihr Hund sich setzen kann, und merken Sie sich die schnellen Bewegungen.

Nach einigen Wiederholungen nur noch Click + Futterbelohnung, wenn er sich beim ersten Versuch schnell setzt.

Setzt er sich nicht beim ersten Versuch hin, brechen Sie die Übung ab, ignorieren den Hund und zählen langsam bis 5 (siehe auch das Foto auf Seite 86). Jetzt wenden Sie sich wieder dem Hund zu und versuchen es erneut. Setzt er sich nun nach dem ersten Versuch hin, Click + Futterbelohnung, sobald der Po den Boden berührt.

Setzt Ihr Hund sich langsamer als sonst hin, lächeln Sie ihn freundlich an, es gibt dafür aber kein Click + Belohnung.

Falls Ihr Hund nach dem Click + Futterbelohnung noch sitzt, beenden Sie die Übung mit einem Lächeln und „OK!". Gehen Sie mit einer einladenden Geste rückwärts vom Hund weg. Laden Sie ihn ein, Ihnen zu folgen.

Ansonsten beendet der Click die Übung, der Hund darf nach dem Click aufstehen. Viele nette Hunde bleiben aber freundlicherweise einfach sitzen.

Wie oft? 2–3 x täglich an verschiedenen Orten, jeweils 5–10 x nacheinander.

Links: Click, wenn der Hund sitzt. Danach bekommt er das Leckerli.

Rechts: Eine einfache Handbewegung und die Rückwärtsbewegung lassen den Hund wieder aufstehen.

Das Handzeichen für
Platz mit Lockmittel.

Die Hundenase ist
„angedockt".

„Platz"

Handzeichen: flach ausgestreckte Hand, Handfläche nach unten

Ziel: Der Hund erlernt über Locken ein Handzeichen und sich daraufhin aus dem Sitzen hinzulegen.

So wird's gemacht: Halten Sie eine Futterbelohnung zwischen Daumen und Wurzel des Mittelfingers. Gehen Sie in die Hocke und halten Sie nun Ihrem sitzenden Hund die Futterbelohnung vor die Nase und bewegen Sie sie mit ausgestreckter Hand (Futterbelohnung nach unten) vorwärts-abwärts zum Boden.

Sobald der Bauch den Boden berührt, Click + Futterbelohnung. Legen Sie die Futterbelohnung schnell zwischen die Pfoten auf den Boden. Nach einigen Wiederholungen nur noch Click + Futterbelohnung, wenn er sich beim ersten Versuch schnell hinlegt.

Legt er sich nicht beim ersten Versuch hin, brechen Sie die Übung ab, stehen auf, ignorieren den Hund und zählen langsam bis 5 (siehe auch Foto auf

Die Hundenase wird mit dem Leckerli nach unten, vorne gezogen.

Sobald der Hund liegt: Click, das Leckerli zwischen die Pfoten legen.

Seite 88). Jetzt wenden Sie sich wieder dem Hund zu, gehen in die Hocke und versuchen es erneut.

Legt er sich nun nach dem ersten Versuch hin, Click + Futterbelohnung, sobald der Bauch den Boden berührt. Legt Ihr Hund sich langsamer als sonst hin, lächeln Sie ihn freundlich an, es gibt aber kein Click + Futterbelohnung.

Bleibt er nach dem Click + Futterbelohnung liegen, kann es einen, 2. oder sogar 3. Click + Futterbelohnung auf dem Boden geben.

Falls Ihr Hund nach dem 3. Click + Futterbelohnung noch liegt, beenden Sie die Übung mit einem „OK!" und gehen rückwärts lockend vom Hund weg, kein Click + Futterbelohnung (Sie beginnen die Übung, Sie beenden die Übung).

Ansonsten beendet der Click die Übung, der Hund darf nach dem Click aufstehen. Viele Hunde bleiben auch einfach liegen.

Wie oft? 2–3 x täglich an verschiedenen Orten, einige Male nacheinander.

Fallbeispiel: Struppi macht nicht Platz!
Jack Russell Terrier Struppi macht partout nicht „Platz", wie mir seine ratlose Halterin Frau Schröder berichtet. Struppi ist fünf Jahre alt, ein freundlicher, unkastrierter Rüde, der seit seinem Welpenalter die Hundeschule besucht. Er ist gesund und munter, aber er macht nicht „Platz".

Auf die Frage, ob Struppi sich nie hinlegt oder gar im Sitzen schläft, muss Frau Schröder lachen. Ihre amüsierte Antwort lautet: „Wenn er will, legt er sich natürlich hin!"

Unser erster Termin ist daher ein Hausbesuch, denn hier legt sich Struppi häufig hin. Frau Schröder und ihr aufgeweckter Struppi begrüßen mich an der Tür. Während des kurzen Gesprächs sehe ich: Struppi liegt auf dem Teppich.

Auf einem kurzen Spaziergang sehe ich, dass Struppi auch draußen ein sicherer und fröhlicher Hund ist. Der Versuch von Frau Schröder, zu zeigen, wie Struppi nicht Platz macht, ist dagegen ein echtes Trauerspiel: Struppi rührt sich nicht von der Stelle und lässt Kopf, Ohren und Rute hängen, gleichzeitig wirkt der kleine Terrier steif und unbeweglich. Auch auf Leckerli, die er vorher gern genommen hat, reagiert er nicht mehr. Alles in allem ein sehr unglückliches Bild, da war wohl einiges schiefgelaufen.

Wieder zu Hause, clickern wir Struppi, der nun wieder entspannt und fröhlich ist, an. Ab sofort bekommt Struppi einen Click und ein Lieblingsleckerli, wenn er sich ohne Aufforderung hinlegt. Auf diese leichte und spielerische Art und Weise (free shaping, freies Formen) findet der kleine Kerl Gefallen daran, zu gucken, ob seine Menschen gucken, und sich dann bewusst und demonstrativ abzulegen.

In den zwei Wochen fängt er sogar an, sich auf die Fliesen zu legen, dies hatte er vorher nie getan.

Nach zwei Wochen legt sich Struppi hin, wenn er ein Leckerli oder Aufmerksamkeit will, und er scheint mächtig Spaß daran zu haben.

Nun änderten wir die Spielregeln. Jedesmal, wenn Struppi sich hinlegen will, sagt Frau Schröder freundlich „Liegerle", das neue Wort für „Platz". Legt er sich hin, gibt es einen Click + ein Leckerli. Reagiert Frau Schröder zu spät und kann nicht vorher „Liegerle" sagen, lobt sie Struppi, aber es gibt kein Click und Leckerli. Struppi versteht, es muss mit diesem Wort zusammenhängen.

Noch immer findet das Training im Haus, im Keller und der Garage statt. Das Signalwort „Platz" wurde aus dem Hundewortschatz gestrichen, es war bereits ein „vergiftetes" Signal.

Noch zwei Wochen später wartet Struppi förmlich darauf, dass Frau Schröder „Liegerle" sagt, um sich schnellstmöglich auf den Boden zu werfen. Beide haben viel Spaß und Erfolg. Es ist ein trockener Tag, wir gehen auf die Terrasse und in den Garten, und auch hier reagiert Struppi sehr zuverlässig auf das Signal.

Ein kurzer Spaziergang zeigt den gleichen Effekt. Dennoch achten wir darauf, Struppi an komfortablen Plätzen abzulegen.

Doch dann ein Rückschlag: Eine Woche nach diesem wunderschönen Training ruft Frau Schröder an und ist verzweifelt. Struppi macht nicht mehr „Liegerle", nicht mal in der Wohnung auf dem Teppich. Was war passiert? Wieso ändert sich Struppis Verhalten von heute auf morgen? „Gestern Abend war es schon nicht mehr so gut", sagt die verzweifelte Frau Schröder, und wir vereinbaren für den nächsten Abend einen Termin. Bis dahin soll sie zunächst nicht weitertrainieren, schlage ich vor, und bleibe etwas ratlos und grübelnd zurück.

Am nächsten Morgen meldet sich Frau Schröder wieder und hört sich ganz fröhlich an. „Ich weiß jetzt, warum Struppi nicht ‚Liegerle' gemacht hat! Heute Morgen hat er ganz lange im Garten gehockt und gedrückt. Ich bin gucken gegangen und es hing etwas an seinem Po ... Er hatte einen Strumpf gefressen, der wollte nicht raus, ich hab ihm geholfen. Und jetzt legt er sich auch wieder hin, wenn ich ‚Liegerle' sage."

Wir sind erleichtert und Struppi hat wieder Spaß an seiner neuen Lieblingsübung. Und Struppis Geschichte zeigt: Bauchschmerzen sind eben kein guter Trainingsbegleiter.

Äußere Einflüsse, Krankheiten, Schmerzen, aber auch das Altern wirken sich auf die Arbeit mit dem Hund aus.

Zielgerichtet läuft der Hund schon auf die Hand seines Besitzers zu.

„Komm"

„Komm" ist für viele Hunde eine schwierige Übung, die nachher auch unter großer Ablenkung funktionieren soll. Belohnen Sie Ihren Hund für gute Arbeitsleistung von Anfang an großzügig.

Handzeichen: Die geschlossene Faust wird schnell nach unten geführt.

Ziel: Der Hund kommt über Target-Training zu Ihnen: Er lernt, dass sich durch Anstupsen der Hand diese öffnet.

So wird's gemacht: Nehmen Sie eine Futterbelohnung in die Hand und machen Sie eine Faust. Wenn Ihr Hund die Hand mit der Nase berührt, Click und die Hand geht auf, der Hund darf die Futterbelohnung fressen. Halten Sie nach und nach Ihre Faust immer näher an Ihr Bein und auch leicht dahinter, damit Ihr Hund lernt, sehr nah zu Ih-

nen zu kommen. Fangen Sie an, einige Schritte rückwärts zu gehen, damit Ihr Hund Ihnen nachlaufen muss, um die Hand zu berühren. Berührt er Ihre Hand mit der Nase: Click + Futterbelohnung.

Wie oft? 2–3 x täglich an verschiedenen Orten, einige Male nacheinander.

Rechte Seite oben: Durch das Anstupsen der Hand löst der Hund den Click aus.

Rechte Seite unten:
Nach dem Click gibt es die in der Hand versteckte Futterbelohnung.

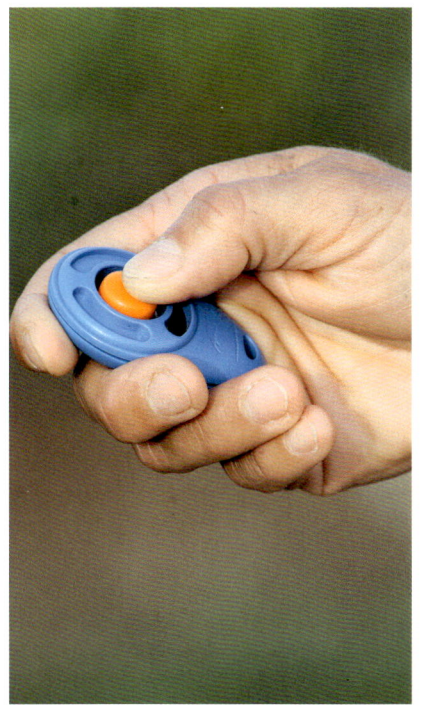

Stehenbleiben, wenn der Hund schneller läuft. Lockere Leine schafft Bewegung. Blickkontakte werden mit Click und Futterbelohnung quittiert.

An der lockeren Leine gehen

Haptisches (gefühltes) Signal: Karabiner am Halsband bzw. Geschirr

Ziel: Der Hund soll lernen, sich Ihrer Bewegungsrichtung und Ihrem Tempo anzupassen. Das bedeutet, der Hund muss lernen, auf Sie zu achten.

So wird's gemacht: Halten Sie die kurze Leine nur am Ende fest. Die Leine ist am tiefsten Punkt etwa in Höhe des Ellbogens Ihres Hundes, damit er nicht hineintritt.

Ab jetzt und für alle Ewigkeit heißt die Regel: Sie gehen nur dann weiter, solange der Hund sich nicht schneller bewegt als Sie selbst! Sobald der Hund schneller läuft als Sie, bleiben Sie stehen. Wann immer die Leine gespannt wird, bleiben Sie sofort stehen. Spielen Sie Baum, lassen Sie sich auch keinen Ast bzw. Arm wachsen!

Sobald (wenn auch nur zufällig) durch den Hund verursacht die Leine wieder locker wird, laufen Sie weiter.

Clicken Sie die Blickkontakte während des Gehens und belohnen Sie diese auch im Gehen (siehe Seite 43).

Bleibt Ihr Hund am Ende der Leine einfach sitzen, warten Sie, bis er sich langweilt und ruhig wirkt, dann gehen Sie weiter. Zieht er wieder, beginnt das Spiel von vorn. Sonst geht es weiter bis zum nächsten Ziehen.

Je konsequenter Sie sind, umso schneller begreift der Hund. Sie können überall hingehen, wenn die Leine locker ist. Ziehen bringt nie Erfolg oder Vorteil. Und: Der Hund ist selbst verantwortlich!

Tipp | Automatikleinen

Verwenden sie keine Automatikleine, wenn Ihr Hund nicht an der Leine ziehen soll. Denn an der Automatikleine muss der Hund ziehen, um voranzukommen (siehe Seite 116).

Wenn der Hund neben seinem Menschen im Laufen belohnt wird, fördert der Hundehalter die Position des Hundes.

Sorgen Sie dafür, dass Ihr Hund außerhalb dieser Übung viel Bewegung hat, so wird es leichter für beide Seiten der Leine.

Die erste Zeit ist sehr quälend, und manchmal ist es hilfreich, ein Buch mit auf die Spaziergänge zu nehmen (Hörbücher eignen sich sehr gut). Das „stop & go" kann ein bis drei Wochen dauern, bis der Groschen gefallen ist. Nur Geduld, nicht schimpfen und an der Leine reißen. Lächeln Sie und beobachten Sie Ihren Hund beim Lernen. Nach einiger Zeit haben Sie die Harmonie auf Ihrer Seite.

Wie oft? Immer!

Links: Der Hund folgt
der Bewegung der
geschlossenen Hand.

Rechts: Schaut der Hund
die angegebene Zeit,
Click.

Trainingsplan 2. Woche

Gedanke der Woche: Sie möchten einen Hund, der auf den kleinsten Fingerzeig schnell, freudig und zuverlässig arbeitet? Geben Sie ihm schnell eine klare Rückmeldung, wenn Ihnen etwas gefällt. Freuen Sie sich ehrlich, auch über kleine Trainingsfortschritte Ihres Hundes. Seien Sie ein zuverlässiger Trainings- und Lebenspartner für Ihren Hund. Unzuverlässigkeit, Fahrigkeit, Cholerik verunsichern Hunde und können Meideverhalten auslösen. Aus der Sicht Ihres Hundes muss es sich lohnen, auf Sie zu achten.

Blickkontakt
Handzeichen: Die geschlossene Faust geht nach oben neben die Augen.
Ziel: Ihr Hund lernt, Sie auf Handzeichen anzuschauen.

So wird's gemacht: Zeigen Sie Ihrem Hund ein Spielzeug oder Leckerli und führen Sie dieses schnell in der geschlossenen Hand dicht neben Ihr Gesicht. Folgt der Hund mit seinem Blick, lächeln Sie, Click + Futterbelohnung (bzw. Click + Spielzeug).

Steigern Sie die Dauer des Blickkontakts bis zum Click von 1 Sek. langsam

Info | Blickkontakt

In unserer Hundeschule wird die Blickkontakt-Übung auch oft als „Handy-Übung" bezeichnet. Nach einigen Wochen Training berichten viele Hundehalter, dass ihre Hunde während Handytelefonaten sehr aufmerksam warten oder auch nebenherlaufen und sie unablässig anschauen – ein schöner Nebeneffekt.

bis auf 10 Sek (warten Sie jeden Tag eine Sekunde länger bis zum Click). Zählen Sie bitte die Sekunden in Gedanken mit. Lächeln Sie, solange der Hund guckt. Kein Hund schaut gern in ein starres, starrendes oder unfreundliches Gesicht. Bleiben Sie locker!

Schaut Ihr Hund weg, bevor Sie die „Sekunden des Tages" erreicht haben, hören Sie auf zu lächeln und warten 5 Sekunden, bis Sie Ihrem Hund die Übung erneut anbieten.

Clicken + Futterbelohnung gibt es zusätzlich bei jedem 2. freiwilligen Blickkontakt auf Spaziergängen. Die anderen Blickkontakte melden Sie mit Lächeln zurück.

Wie oft? Mindestens 2x täglich 5–10 mal.

Zusatzübung: Wenn das Verhalten sicher gezeigt wird, beginnen Sie mit der Übung, während Sie mit Ihrem Hund an der Leine laufen.

Danach erhält er seine Belohnung aus der Hand.

Wenn Ihr Hund noch nicht freiwillig beim Laufen zu Ihnen schaut, können Sie auch den Blickkontakt über die „Handy-Übung" herstellen.

Nach dem Signal (Pfiff) nehmen Sie die Leine vom Haken und der Hund bekommt seine Belohnung (Gassi). Wichtig ist: Der Hund würde auch ohne Pfiff kommen.

Aufmerksamkeit auf sich lenken

Ziel: Ein bestimmtes Geräusch kündigt eine Aktion von Ihnen an.

So wird's gemacht: Machen Sie ein bestimmtes Geräusch (Küsschen-Küsschen, Zirpen, Hallo-Pfiff ... wählen Sie ein Geräusch, das Sie auch draußen auf Spaziergängen anwenden würden) direkt bevor Sie mit Ihrem Hund etwas Tolles unternehmen und in Situationen, bevor Ihr Hund sich Ihnen aufgeregt und freudig zuwendet.

Wenn Sie z.B. wissen, dass Ihr Hund vor Freude fast platzt, wenn Sie die Leine vom Haken nehmen, machen Sie Ihr Geräusch, bevor Sie die Leine vom Haken nehmen und gehen. Vor dem Öffnen des Kühlschranks, vor dem Öffnen der Futterdose sind ebenfalls klassische Situationen. Wenn Sie die abendlichen Fütterungen in drei Portionen aufteilen, bekommen Sie eine gute Wiederholungsrate. Nach kurzer Zeit wird Ihr Hund auf Sie und nicht auf den Dosenöffner, das Klappern der Leine usw. reagieren.

Das Grundprinzip besteht darin, dass Sie zunächst einige Zeit beobachten, in welchen Situationen Sie die volle Aufmerksamkeit Ihres Hundes haben und durch welches Signal diese ausgelöst wird. Nur dann können Sie das Verhalten (Aufmerksamkeit) auslösen und ein neues Signal davor setzen.

Eine schöne Geschichte zu dieser Übung: Eine Hundehalterin erklärte mir, ihre Aussie-Hündin würde immer aufgeregt angerannt kommen, wenn sie die Badezimmertür öffnet. Als neues Signal pfiff sie. Sie habe nun immer gepfiffen, bevor sie die Badezimmertür geöffnet habe.

Ich stutzte und die Frage kam in mir auf: „Sie hat die Übung verstanden. Aber was will der Aussie so dringend im Badezimmer?" Lachend erklärte mir die Hundehalterin: „Ich füttere die Katzen im Bad auf dem Trockner ... und manchmal fällt da Katzenfutter runter." Und schon gab es wieder eine einfache Erklärung für ein auf den ersten Blick doch merkwürdiges Verhalten.

„Sitz"

Handzeichen: erhobener Zeigefinger

So wird's gemacht: Halten Sie Ihre Hand genau wie letzte Woche, stellen Sie sich am besten vor, Sie halten eine Futterbelohnung zwischen den Fingern. Führen Sie Ihrem stehenden Hund Ihre Hand von der Nase über den Kopf leicht nach oben. Click + Futterbelohnung aus der Tasche, sobald der Po den Boden berührt. Lächeln Sie, wenn Ihr Hund mit Ihnen arbeitet. Bitte achten Sie darauf, dass sich Ihre Hand nach dem Click auf den Weg in Richtung Belohnungsbeutel macht. Nach einigen Wiederholungen nur noch Click + Futterbelohnung, wenn er sich beim ersten Versuch schnell setzt.

Setzt er sich nicht beim ersten Versuch hin, brechen Sie die Übung ab, hören Sie auf zu lächeln, ignorieren Sie den Hund und zählen Sie langsam bis 5 (siehe Seite 86). Jetzt wenden Sie sich wieder dem Hund zu und versuchen es erneut, lächeln Sie wieder. Setzt er sich nun nach dem ersten Versuch hin, Click + Futterbelohnung, sobald der Po den Boden berührt.

Setzt Ihr Hund sich langsamer als sonst hin, lächeln Sie ihn freundlich an, es gibt aber kein Click + Futterbelohnung.

Falls Ihr Hund nach dem Click + Futterbelohnung noch sitzt, beenden Sie die Übung mit einem „OK!" und gehen (Sie beginnen die Übung, Sie beenden die Übung). Ansonsten beendet der Click die Übung, der Hund darf nach dem Click aufstehen oder sitzen bleiben.

Wie oft? 2–3 x täglich an verschiedenen Orten, einige Male nacheinander.

Links: Das Hörzeichen für Sitz, nun ohne Lockmittel.

Rechts: Click, wenn der Hund sitzt. Danach wandert die Hand zur Tasche und der Hund bekommt seine Futterbelohnung.

Das Handzeichen für Platz ohne Lockmittel zieht den Hund nach unten. Sobald der Hund liegt, Click. Erst dann holt die Hand das Leckerli aus der Tasche.

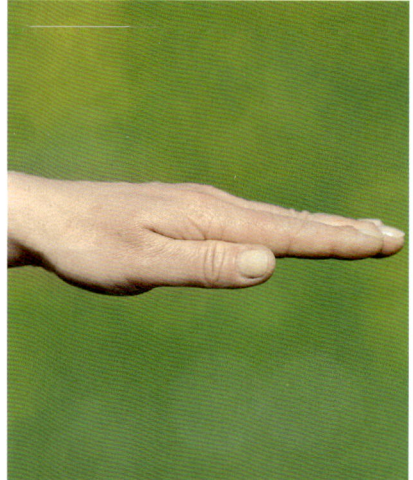

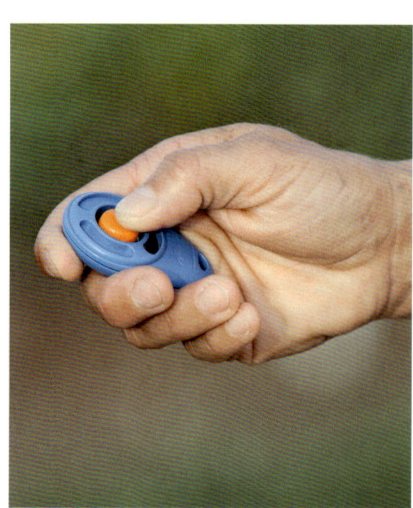

„Platz"

Handzeichen: flach ausgestreckte Hand, Handfläche nach unten

So wird's gemacht: Halten Sie nun keine Futterbelohnung zwischen Daumen und Wurzel des Mittelfingers. Gehen Sie in die Hocke und bewegen Sie die ausgestreckte Hand vorwärts-abwärts zum Boden. Sobald der Bauch Ihres Hundes den Boden berührt, Click + Futterbelohnung aus der Tasche. Legen Sie die Futterbelohnung schnell zwischen die Pfoten auf den Boden. Lä-

cheln Sie, wenn Ihr Hund mit Ihnen arbeitet.

Nach einigen Wiederholungen nur noch Lächeln, Click + Futterbelohnung, wenn er sich beim ersten Versuch schnell hinlegt. Legt er sich nicht beim ersten Versuch hin, brechen Sie die Übung ab, stehen auf, Sie lächeln nicht mehr, ignorieren den Hund und zählen langsam bis 5 (siehe Seite 88). Jetzt wenden Sie sich wieder freundlich dem Hund zu, gehen in die Hocke und versuchen es erneut. Legt er

Links: Das Leckerli bekommt der Hund am Boden zwischen den Pfoten.

Rechts: Bleibt er nach dem Fressen liegen, kann er nochmals Click + Futterbelohnung bekommen.

Die einladende Handbewegung hilft beim Aufstehen.

sich nun nach dem ersten Versuch hin, Click + Futterbelohnung, sobald der Bauch den Boden berührt. Legt Ihr Hund sich langsamer als sonst hin, lächeln Sie ihn freundlich an, es gibt aber kein Click + Futterbelohnung.

Bleibt er nach dem Click + Futterbelohnung liegen, kann es einen, 2. oder sogar 3. Click + Futterbelohnung auf den Boden geben.

Falls Ihr Hund nach dem 3. Click + Futterbelohnung noch liegt, beenden Sie die Übung mit einem „OK!" und gehen rückwärts lockend vom Hund weg, kein Click + Futterbelohnung (Sie beginnen die Übung, Sie beenden die Übung).

Ansonsten beendet der Click die Übung, der Hund darf nach dem Click aufstehen.

Wie oft? 2–3 x täglich an verschiedenen Orten, einige Male nacheinander.

Tipp: Warme Tage und eine schöner Platz im Schatten helfen bei der Übung sehr. Das Verhalten „Hinlegen" wird dann selbstbelohnend.

„Komm"

Handzeichen: Die geschlossene Faust wird schnell nach unten geführt.

Ziel: Der Hund soll über das Target-Training (die Faust berühren) bei Ihnen ankommen.

So wird's gemacht: Sie haben keine Futterbelohnung in der Hand und machen eine Faust. Wenn Ihr Hund die Hand mit der Nase berührt, Click + Futterbelohnung aus der Tasche. Nun muss Ihr Hund warten, um an die Futterbelohnung zu kommen. Wenn Sie einen Hund haben, dem das Warten schwerfällt, nutzen Sie für diese Übung besonders schmackhafte Futterbelohnungen. Halten Sie nach und nach Ihre Faust immer näher an Ihr Bein und auch leicht dahinter, damit Ihr Hund lernt, sehr nah zu Ihnen zu kommen.

Fangen Sie an, einige Schritte rückwärts zu gehen, damit Ihr Hund Ihnen nachlaufen muss, um die Hand zu berühren.

Wie oft? 2–3 x täglich an verschiedenen Orten, einige Male nacheinander.

Info: Für die Fotos sitzt die Hündin. Bitte rufen Sie Ihren Hund aber nur ein von zehn Malen aus dem Sitz zu sich – damit würde man sonst das Sitzenbleiben „kaputt-trainieren".

Der Hund wartet aufmerksam auf das Handzeichen. Die Hand bewegt sich, der Hund läuft los. Click, wenn die Hundenase die Hand berührt. Nun gibt es die Futterbelohnung nach dem Griff in die Tasche.

An der lockeren Leine gehen

So wird's gemacht: Wie immer mit 200%iger Konsequenz (auch wenn es schwerfällt). Lächeln Sie, wenn Ihr Hund neben Ihnen läuft. Sie können jetzt auch den Clicker nutzen: Click + Futterbelohnung, wenn der Hund im selben Tempo wie Sie an der lockeren Leine läuft. Fangen Sie mit 5 Schritten Laufen an der lockeren Leine an und steigern Sie sich auf jedem Spaziergang um 1–2 Schritte, ehe der Hund Click + Futterbelohnung erhält. Wenn Ihr Hund beginnt, schneller zu laufen als Sie, drehen Sie um. Blicken Sie zu dem Punkt zurück, wo das Gehen an der lockeren Leine noch perfekt war. Kehren Sie dorthin zurück. Nach dem Umdrehen bekommt der Hund die 2. Chance, die Strecke erneut ohne Ziehen zu bewältigen (oder auch eine 3., 4., 5. Chance, bis es klappt)..

Bitte clicken Sie nicht, wenn der Hund Sie auf dem Korrekturweg anschaut, hier bitte „nur" lächeln.

Wie oft? Immer und ewig; täglich die Schrittzahl bis zum Click + Futterbelohnung um 1–2 Schritte erhöhen.

Links: Der Hund beginnt, schneller zu laufen als Sie? Drehen Sie sofort um!

Rechts: Der Korrekturweg wird nicht belohnt.

Trainingsplan 3. Woche

Gedanke der Woche: Hunde sind Lebewesen, und jeder Hund hat seinen eigenen Charakter. Schauen Sie nicht nach dem, was andere Hunde können oder andere Hundehalter von Ihrem Hund halten. Werden Sie zunächst in Ihrem gemischten Rudel glücklich. Freuen Sie sich an den Fortschritten Ihres Hundes und an der wachsenden Kooperationsbereitschaft. Sie werden immer nur das sehen, wonach Sie schauen. Suchen Sie deshalb nicht nach Fehlern!

Blickkontakt

Ziel: Der Hund soll Ihnen ins Gesicht schauen, um an das von ihm Gewünschte zu kommen.

So wird's gemacht: Zeigen Sie Ihrem Hund ein Spielzeug oder Futterbelohnung und halten Sie dies stehend waagerecht weg vom Körper. Sobald der Hund Ihnen trotz der Ablenkung ins Gesicht schaut, Click + danach Futterbelohnung bzw. Click + Spielzeug aus der Hand.

Falls Ihr Hund anfängt zu bellen, zu springen usw., ignorieren Sie ihn, stecken Sie die Futterbelohnung in die Tasche, zählen Sie langsam bis 5 und starten Sie die Übung erneut, vorausgesetzt Ihr Hund ist wieder ruhig.

Nutzen Sie auch die andere Hand; Sie können die Hand mit dem vom Hund Gewünschten auch über Ihren Kopf halten. Üben Sie immer wieder andere Variationen.

Ängstliche Menschen verhalten sich oft reflexartig ähnlich, um einen Hund nicht anzulocken; es ist daher gut, Hunden ein Verhalten für diese Situationen aufzutrainieren.

Wie oft? Mindestens 2 x täglich, 5–10 x wiederholen.

Der Hund verfolgt zunächst die Handbewegung und das Leckerli.

Nach kurzer Zeit und Überlegen schaut er seine Besitzerin an. Diese lächelt, clickt und belohnt danach den Hund.

Dem Retriever geht es mal wieder nicht schnell genug, und langweilig ist ihm auch. Anspringen bewirkt oft, dass das Hundeleben aufregender wird! Seine Besitzerin ignoriert dies gekonnt lässig und beginnt mit ihm zu arbeiten, wenn er entspannt und aufmerksam ist.

Nicht anspringen

So wird's gemacht: Wenn Ihr Hund Sie anspringt, ignorieren Sie ihn. Halten Sie sich zum Schutz ein Bein vor oder drehen Sie ihm den Rücken zu. Nicht schimpfen, anschauen, anfassen oder wegstoßen! Die meisten Hunde springen an, um Sozialkontakt einzufordern.

Beim Anspringen mit dem Hund zu schimpfen, ihn wütend anzuschauen, ihn wegzuschubsen oder festzuhalten, liegt zunächst nahe. Viele Hunde springen aber genau deshalb an – wilde Raufspiele und eine Menge Aufmerk-samkeit sind genau das, was diese Hunde wollen.

Beachten Sie den Hund erst wieder, wenn er einige Sekunden auf dem Boden ist. Beugen Sie sich zu ihm, loben und streicheln Sie ihn oder arbeiten Sie mit ihm weiter.

Versuchen Sie, dass er nicht anspringen muss, um Aufmerksamkeit zu bekommen. Soweit möglich, weihen Sie alle Menschen, die etwas mit dem Hund zu tun haben, in das Training und die Regeln ein. Bitten Sie sie, mit ihrem Verhalten zu helfen.

Wie oft? Immer! Je öfter, umso besser.

Ohne große Ablenkung und abgesichert funktioniert das Aufmerksamkeitssignal draußen schon.

Aufmerksamkeit auf sich lenken

Ziel: Ein bestimmtes Geräusch kündigt eine Aktion von Ihnen an.

So wird's gemacht: Machen Sie ein bestimmtes Geräusch (Küsschen-Küsschen, Zirpen, Hallo-Pfiff ...), bevor Sie mit Ihrem Hund etwas Tolles unternehmen und wo Ihr Hund sich Ihnen erfahrungsgemäß aufgeregt und freudig zuwendet.

Versuchen Sie nun auch draußen in anderen, möglichst einfachen Situationen ohne Ablenkung Ihr Geräusch zu machen. Wendet der Hund sich Ihnen zu, freuen Sie sich, Click + danach einige kleine Futterbelohnungen nacheinander oder einen besonderen Leckerbissen bzw. Spielzeug.

Erst kommt das Aufmerksamkeitssignal. Wenn der Hund guckt, Handzeichen für Kommen. Wenn der Hund die Hand berührt, Click und danach gibt es die Belohnung aus der Tasche.

Wie oft: Immer, wenn Sie etwas Tolles in der Wohnung ankündigen, und zusätzlich auf jedem Spaziergang 2–3 x.

Aufmerksamkeit und Kommen

So wird's gemacht: Ihr Hund steht einige Meter entfernt von Ihnen und ist nicht zu abgelenkt, schaut Sie aber auch nicht an. Lenken Sie die Aufmerksamkeit des Hundes mit ihrem Geräusch, z.B. „Küsschen-Küsschen", auf sich. Ist der Hund aufmerksam, folgt Ihre Bewegung der geschlossenen Hand für das Kommen. Lächeln Sie (Keep-going-Signal), wenn Ihr Hund losläuft, Click + danach Futterbelohnung, wenn der Hund Ihre Faust berührt.

Wie oft: Auf jedem Spaziergang 2–3 x.

„Sitz"

Handzeichen: erhobener Zeigefinger
Hörzeichen: „Siiitz" („Siezen" Sie Ihren Hund, so kann er die Wörter „Sitz" und „Platz" besser unterscheiden.)
Ziel: Der Hund erlernt das Hörzeichen und bleibt am Ende der Woche 10 Sek. sitzen.
So wird's gemacht: Geben Sie das Handzeichen für „Sitz". Wenn Ihr Hund sich sofort und zügig zu setzen beginnt, sagen Sie freundlich „Siiitz". Click und Futterbelohnung zunächst, wenn der Hund mit dem Po den Boden berührt.

Versuchen Sie nun, Ihren Hund jeden Tag eine Sekunde länger sitzen zu lassen bis zum Click. Ist die Zeitspanne erreicht, Click + danach Futterbelohnung.

Setzt der Hund sich nicht beim ersten Versuch hin, brechen Sie die Übung ab, ignorieren ihn und zählen langsam bis 5. Jetzt wenden Sie sich wieder dem Hund zu und versuchen es erneut. Setzt er sich nun nach dem ersten Versuch, wie oben beschrieben, hin, Click + danach Futterbelohnung nach der von Ihnen vorab gewählten Trainingszeit.

Setzt Ihr Hund sich langsamer als sonst hin, lächeln Sie ihn freundlich an, es gibt aber kein Click + danach Futterbelohnung.

Falls Ihr Hund nach dem Click + danach Futterbelohnung noch sitzt, beenden Sie die Übung mit einem „OK!" und gehen (siehe Foto Seite 45; Sie beginnen die Übung, Sie beenden die Übung).

Ansonsten beendet das von Ihnen gesetzte Click die Übung, der Hund darf nach dem Click aufstehen. Viele Hunde bleiben einfach sitzen.
Wie oft? 2–3 x täglich an verschiedenen Orten, einige Male nacheinander.

Wenn der Hund nach dem Hörzeichen beginnt sich zu setzen, „Siiitz" sagen.

Lächeln, wenn der Hund sitzt, z. B. zwei Sekunden warten, Click und danach die Futterbelohnung aus der Tasche geben.

Nach dem ersten Click und der ersten Futterbelohnung aufstehen.

Zweites Click für das Liegenbleiben mit Ablenkung.

„Platz"

Handzeichen: flach ausgestreckte Hand, Handfläche nach unten

Hörzeichen: „Plaaatz" (betonen Sie bei dieser Übung das „aaa", so kann der Hund die Wörter „Sitz" und „Platz" einfacher unterscheiden).

Ziel: Der Hund erlernt das Hörzeichen und bleibt bis zu 10 Sek liegen, während Sie stehen.

So wird's gemacht: Geben Sie Ihrem sitzenden Hund das Handzeichen für „Platz". Wenn Ihr Hund sofort und zügig sich zu legen beginnt, sagen Sie freundlich „Plaaatz". Sobald der Bauch den Boden berührt, Click + danach Futterbelohnung aus der Tasche. Legen Sie die Futterbelohnung schnell zwischen die Pfoten auf den Boden.

Versuchen Sie nun, sich wieder richtig hinzustellen, während der Hund liegt. Jetzt kann er den 2. und 3. Click + Futterbelohnung bekommen, wenn er liegen bleibt, während Sie neben ihm stehen. Legen Sie Ihrem Hund die Futterbelohnung zwischen die Pfoten.

Legt er sich nicht beim ersten Versuch hin, brechen Sie die Übung ab, stehen auf, ignorieren den Hund und zählen langsam bis 5. Jetzt wenden Sie sich wieder dem Hund zu, gehen in die Hocke und versuchen es erneut.

Legt er sich nun nach dem ersten Versuch hin, Click + danach Futterbelohnung, sobald der Bauch den Boden berührt.

Legt Ihr Hund sich langsamer als sonst hin, lächeln Sie ihn freundlich an, es gibt aber kein Click + Futterbelohnung.

Falls Ihr Hund nach dem 3. Click + danach Futterbelohnung noch liegt, beenden Sie die Übung mit einem „OK!" und gehen Sie rückwärts lockend vom Hund weg. Kein Click + Futterbelohnung (Sie beginnen die Übung, Sie beenden die Übung).

Ansonsten beendet der Click die Übung, der Hund darf nach dem Click aufstehen oder einfach liegen bleiben. **Wie oft?** 2–3 x täglich an verschiedenen Orten, einige Male nacheinander. **Tipp:** Wählen Sie für diese Übung Futterbelohnungen, an denen Ihr Hund länger kaut; dann haben Sie mehr Zeit, sich aufzurichten.

Leckerli wieder zwischen die Pfoten. Sich über den Hund zu beugen, eine körperliche Unhöflichkeit, können wir so gleich positiv verknüpfen.

An der lockeren Leine gehen

Bitte üben Sie weiter wie bisher – diese Übung ist eine „Fleißübung".

Automatik-Leinen

Die Rollleinen sind eine schöne Erfindung und sicherlich manchmal sehr nützlich. Leider steckt in ihnen ein hohes Gefahrenpotenzial! Läuft ein Hund an einer solchen Leine einem anderen Passanten um die Beine, sind die Folge schmerzhafte oft Brand- und Schürfwunden.

Leider werden mit diesen Leinen auch unschuldige Radfahrer zu Fall gebracht, wenn diese über den Weg gespannt sind. Auch fremde Hundebeine verheddern sich unter großen Schmerzen darin, nur die des eigenen Hundes meistens nicht.

In Automatik-Leinen steckt ein nicht von der Hand zu weisendes Gefahrenpotenzial. Ein verantwortungsvoller und umsichtiger Umgang ist angebracht. Hier ist nichts passiert, das Bild ist gestellt, alles ist abgesprochen, und trotzdem geraten die Hunde, die sich gut kennen, in Stress.

Große, temperamentvolle Hunde, die an diesen Leinen geführt werden, sind eine Gefahr! Einmal in Fahrt, lässt sich ein 40-kg-Hund nicht mehr so einfach kontrollieren. Lädierte Arme oder Rücken oder gar Stürze sind schon bei niedrigeren Gewichtsklassen an der Tagesordnung.

Viele Hundehalter ärgern sich einfach über die Tatsache, dass man nicht sehen kann, ob der Hundehalter seinen Hund kontrolliert oder ob der gleich auf einen zugerauscht kommt und vielleicht erst kurz vor dem eigenen Hund mit einem lauten „KRRKKS!!!" ausgebremst wird. Wenn Sie diese Form der Absicherung nutzen, nehmen Sie Rücksicht. Stellen Sie die Leine fest, wenn Ihnen andere Hunde, Radfahrer, Spaziergänger o.ä. begegnen.

Mit dem Hund unterwegs

Wenn der Hund gelernt hat, an der Leine zu laufen, machen Spaziergänge Spaß.

Jedes Bundesland und jede Stadt bzw. Gemeinde hat ihre eigenen Regeln zum Thema Hund, die jeweils geltende Hundeverordnung und spezielle Zusatzregeln. Zusätzlich gilt noch das Bun-

deswaldgesetz und das Landeswaldgesetz, so man sich in Wald und Feld befindet. Auch das Tierschutzgesetz ist für Hundehalter wichtig. Die aktuellen Gesetze finden Sie im Internet.

Bei einem Urlaub in der Eifel wurde mir während einer Wanderung klar, dass ich immer zwischen zwei Bundesländern wechselte und dadurch mal die Hunde im Wald Leinenpflicht hatten und mal frei laufen durften, obwohl es der gleiche Wald war.

Freilauf im Wald oder ähnlich wildreichen Gebiet ist nur zu verantworten, wenn

> es erlaubt ist,
> der Hund auf dem Weg bleibt,
> der Hund immer (auch bei Ablenkung durch Wild oder Wildgeruch) sofort abrufbar ist,
> der Hund keine anderen Passanten oder Hunde stört,
> der Hund in der Sichtnähe bleibt.

Ansonsten gehört der Hund an die Leine. In Naturschutzgebieten müssen Hunde grundsätzlich an der Leine geführt werden!

Regeln für das Miteinander

Aber es gibt noch mehr Regeln für Hundehalter, die zu einem friedlichen und respektvollen Miteinander beitragen: Dazu gehört, Hundekot zu entfernen und ein rücksichtsvoller, höflicher Umgang mit Mitmenschen und „Mit-Tieren".

Würden sich alle Hundehalter an diese beiden Punkte halten, gäbe es wesentlich weniger Ärger. Nicht nur darauf zu achten, was ich und mein Hund möchten, sondern auch die Bedürfnisse meiner Mitmenschen und andere Tieren zu achten, ist eine der Grundvoraussetzungen für das Halten von Raubtieren.

Ein Pfiff, und der Hund
kommt angesaust. Eine
Grundvoraussetzung
für den Freilauf.

Nicht alle Hunde können oder dürfen frei laufen. An angeleinten Hunden geht man (den eigenen Hund an der Leine) vorbei.

Wie kann das Miteinander in der Praxis aussehen?

> In Gegenden mit überschaubarem Menschenaufkommen Passanten freundlich grüßen.
> Jogger: Immer den Hund zu sich rufen, freundlich grüßen.
> Darauf achten, dass der Hund nicht andere Menschen anbellt, anspringt, umkreist ...
> Radfahrer: Den Hund zu sich rufen und Radfahrer passieren lassen.
> An Straßen Hunde angeleint führen; viele Autofahrer sind sehr verunsichert durch frei herumlaufende Hunde an der Fahrbahn. Auch entriegelte Roll-Leinen irritieren hier!
> Eltern mit Kinderwagen oder Kindern sind häufig besorgt um ihre Kinder; lassen Sie Ihren Hund bei sich laufen.
> Hunde nicht auf Weiden mit Vieh lassen, auch nicht an fremdem Vieh schnuppern lassen.
> Bei Begegnungen mit Menschen, die Angst vor Hunden haben, den eigenen Hund einfach anleinen (egal wie lieb der ist).

In vielen Gesprächen mit Menschen, die Angst vor Hunden haben, ist für mich deutlich geworden: Menschen, die laut und heftig mehrmals ihren Hund rufen müssen, machen die Situation für ängstliche Menschen fast unerträglich. Diese fragen sich dann: „Warum ruft der so heftig? Der Hund ist bestimmt wirklich gefährlich, und der hört nicht!!!"

Zudem ist es für Menschen, die Angst vor Hunden haben, überhaupt keine Beruhigung, wenn ihnen der Hundebesitzer achselzuckend mitteilt: „Sie brauchen keine Angst zu haben, der tut nichts, der will nur spielen."

Im Übrigen gibt es nicht wenige Menschen, die sich vor Hunden ekeln und dadurch Angst haben. Sie verbinden Hunde mit Flöhen, Würmern, Speichel ... Und mal unter uns: Eine ordentliche Portion Hundesabber kann schon eklig sein!

Wenn Ihnen ein Hund begegnet, kann es viele Gründe geben, warum er angeleint ist. Er kann krank und ansteckend sein, frisch operiert, in Reha, Hündinnen läufig, Rüden abgelenkt durch läufige Hündin, unverträglich mit anderen Hunden sein, unverträglich mit Menschen sein, erst seit wenigen Tagen bei seinem neuen Besitzer sein, nicht mit seinem Besitzer unterwegs sein, der Besitzer hat es eilig und kein Interesse an einer Hundebegegnung, der Hund kommt nicht zuverlässig auf Rückruf, der Hund hat ein starkes Jagdverhalten, der Hund leidet unter einer Phobie, oder es hat einen ganz anderen Grund.

Wichtigste Regel ist für alle Hundehalter: Kommt Ihnen ein angeleinter Hund entgegen, leinen Sie bitte auch Ihren Hund an. Dies schützt Ihren eigenen und auch den angeleinten Hund. Ein kurzes Gespräch zwischen Hundehaltern kann die Situation klären und nach Absprache können sich dann die Hunde im Freilauf begegnen.

Gehen Sie an anderen Menschen mit Hunden so vorbei, dass Sie zwischen dem anderen Hund und Ihrem Hund laufen. Laufen Sie einen kleinen Bogen und lassen Sie Ihren Hund nicht den anderen anstarren. Nutzen Sie diese Begegnungen, um Blickkontakt unter Ablenkung zu üben (Seite 74). Lassen Sie bitte Ihren Hund niemals ungefragt in ein anderes Rudel laufen, in der Regel werden die fremden Hunde einmal durchgereicht wie eine Flipperkugel, mehr oder weniger heftig.

Nicht alle Hunde sind großmütig, mögen engen Körperkontakt mit fremden Artgenossen, einige haben schon Schlimmes erlebt. Es gibt Hunde, die drei Freunde haben, aber sonst von keinem anderen etwas wissen wollen. Nicht jeder Hund spielt gern, und nicht jeder hat Sinn für Humor. Nehmen Sie bitte Rücksicht, und miteinander reden regelt den Rest.

Sollte Ihnen und Ihrem Hund mal ein Ausrutscher passieren, entschuldigen Sie sich, bieten Sie Hilfe an und geben Ihren Namen und Ihre Telefonnummer an. Es ist keine Pflicht, für Hunde eine Haftpflichtversicherung abzuschließen, jeder Hund sollte aber versichert sein!

Wenn Sie sich an diese Regeln halten, werden Sie der Lieblingshundehalter in Ihrer Gegend. Radfahrer fangen an, dankend zu grüßen, Jogger lächeln Sie an und haben einige freundliche Worte für Sie und andere Hundehalter mit angeleinten Hunden können sich in Ihrer Nähe entspannen.

Nach Absprache die Hunde gemeinsam an einem dafür geeigneten Ort laufen lassen. So haben alle Spaß.

Wenn der Hund der Hand mit den Augen folgt, lassen Sie die Hand jeden Tag eine Sekunde länger neben Ihren Augen; Click und dann die Belohnung aus der Tasche.

Trainingsplan 4. Woche

Gedanke der Woche: Hunde kooperieren nur, wenn es sich für sie lohnt, wenn es Spaß macht und spannend bleibt. Machen Sie sich eine Liste mit zehn verschiedenen Belohnungen für Ihren Hund. Versuchen Sie, diese aus Sicht Ihres Hund in eine Reihenfolge zu bringen. Jetzt können Sie die Übungen, die Ihr Hund schon gut beherrscht, „geringer" belohnen und für Ihren Hund schwierigere Übungen hochwer-

tig belohnen. Unter Ablenkung zu kooperieren ist für Hunde schwierig, sie müssen zunächst lernen, dass sich das Arbeiten unter Ablenkung für sie lohnt. Auf geht es zur leistungsbezogenen Bezahlung!

Blickkontakt
Handzeichen: Die geschlossene Faust geht nach oben (keine Lockmittel).
Ziel: Ihr Hund lernt unter Ablenkung, Sie auf Handzeichen bis zu 10 Sek. anzuschauen.
So wird's gemacht: Üben Sie zunächst unter leichter Ablenkung und führen Sie Ihre geschlossene Hand (ohne Futterbelohnung) neben Ihr Gesicht. Folgt der Hund mit seinem Blick, Click + danach Futterbelohnung. Steigern Sie die Dauer des Blickkontakts bis zum Click von 1 Sek. langsam bis zu 10 Sek.
Wie oft? Mind. 2x täglich 5–10 mal.

Tipp | Anschauen

Üben Sie nun auch den Blickkontakt des Hundes auszulösen, wenn dieser an der lockeren Leine läuft.

Aufmerksamkeit bekommen: Nach dem Aufmerksamkeitssignal saust die Hand nach unten und der Hund zur Hand.

Aufmerksamkeit auf sich lenken

Ziel: Ein bestimmtes Geräusch kündigt eine Aktion von Ihnen an, auch unter Ablenkung.

So wird's gemacht: Machen Sie ein bestimmtes Geräusch (Küsschen-Küsschen, Zirpen, Hallo-Pfiff ...), bevor Sie mit Ihrem Hund etwas Tolles unternehmen und wo Ihr Hund sich Ihnen aufgeregt und freudig zuwendet.

Leinen Sie Ihren Hund an und legen Sie eine normale Futterbelohnung auf den Boden. Halten Sie die Leine so, dass der Hund nicht an die Futterbelohnung kommt.

Wenn Sie merken, dass das Interesse Ihres Hundes an der Futterbelohnung auf dem Boden abnimmt, machen Sie Ihr Geräusch. Dreht sich der Hund zu Ihnen um, Click + danach Futterbelohnung bei Ihnen.

Wie oft? Immer wenn Sie etwas Tolles ankündigen und zusätzlich auf jedem Spaziergang 2–3 x.

Aufmerksamkeit und Kommen

Ziel: Der Hund wendet sich auf Signal unter leichter Ablenkung Ihnen zu, kommt zu Ihnen und wartet ab.

So wird's gemacht: Ihr Hund steht einige Meter entfernt von Ihnen und ist leicht abgelenkt, schaut Sie aber auch nicht an. Lenken Sie die Aufmerksamkeit des Hundes mit Ihrem Geräusch, z.B. „Küsschen-Küsschen", auf sich. Wendet der Hund sich Ihnen zu, folgt Ihre Bewegung der geschlossenen Hand (von oben nach unten) für „Komm". Lächeln Sie, wenn Ihr Hund losläuft, Click + danach Futterbelohnung erfolgen 2 Sek. nachdem Ihr Hund Ihre Hand berührt hat.

Wie oft? Auf jedem Spaziergang 2–3 x.

Oben: Hier hat der Hund bereits das Interesse am Futter auf dem Boden verloren. Ein guter Moment für das Aufmerksamkeits-Signal.

Mitte: Der Hund dreht sich schnell um und trabt zum Halter. Den Click gab es in der Drehung.

Unten: Beim Besitzer angekommen, gibt es eine schöne Belohnung.

Ablenkung kann zunächst ein Spaziergänger sein. Ist die Sekundenzahl erreicht, Click und danach die Belohnung. Bei diesem Team sieht das schon gut aus!

„Sitz"

Handzeichen: erhobener Zeigefinger

Hörzeichen: „Siiitz"

Ziel: Ihr Hund beginnt das Hörzeichen zu erlernen und bleibt am Ende der Woche 10 Sek. unter leichter Ablenkung sitzen.

So wird's gemacht: Ihr Hund ist leicht abgelenkt. Geben Sie das Handzeichen für „Sitz". Wenn Ihr Hund sich sofort und zügig zu setzen beginnt, sagen Sie freundlich „Siiitz". Click und danach Futterbelohnung folgt zunächst, wenn der Hund mit dem Po den Boden berührt.

Versuchen Sie nun, Ihren Hund jeden Tag eine Sekunde länger sitzen zu lassen. Ist die Sekundenzahl des Tages erreicht, Click + Futterbelohnung.

Setzt er sich nicht beim ersten Versuch hin, brechen Sie die Übung ab, ignorieren den Hund und zählen langsam bis 5. Jetzt wenden Sie sich wieder dem Hund zu und versuchen es erneut. Setzt er sich nun nach dem ersten Versuch hin, Click + danach Futterbelohnung, sobald der Po den Boden berührt.

Setzt Ihr Hund sich langsamer als sonst hin, lächeln Sie ihn freundlich an, es gibt aber kein Click + Futterbelohnung.

Falls Ihr Hund nach dem Click + Futterbelohnung noch sitzt, beenden Sie die Übung mit einem „OK!" und gehen (Sie beginnen die Übung, Sie beenden die Übung). Ansonsten beendet der Click die Übung, der Hund darf nach dem Click aufstehen oder auch einfach sitzen bleiben.

Wie oft? 2–3 x täglich an verschiedenen Orten, einige Male nacheinander.

„Platz"

Handzeichen: flach ausgestreckte Hand, Handfläche nach unten

Hörzeichen: „Plaaatz"

Ziel: Der Hund beginnt das Hörzeichen zu erlernen und bleibt auch unter leichter Ablenkung bis zu 10 Sek. liegen, während Sie stehen.

So wird's gemacht: Ihr Hund ist leicht abgelenkt. Geben Sie das Handzeichen für „Platz". Wenn Ihr Hund sofort und zügig sich zu legen beginnt, sagen Sie freundlich „Plaaatz". Sobald der Bauch den Boden berührt, Click + danach Leckerli aus der Tasche. Legen Sie die Futterbelohnung schnell zwischen die Pfoten auf den Boden.

Versuchen Sie nun sich hinzustellen, während der Hund liegt. Jetzt kann er den 2. und 3. Click + Futterbelohnung bekommen, wenn er liegen bleibt, während Sie neben ihm stehen. Legen Sie Ihrem Hund die Futterbelohnung zwischen die Pfoten.

Legt er sich nicht beim ersten Versuch hin, brechen Sie die Übung ab, stehen auf, ignorieren den Hund und zählen langsam bis 5. Jetzt wenden Sie sich wieder dem Hund zu, gehen in die Hocke und versuchen es erneut. Legt er sich nun nach dem ersten Versuch hin, Click + danach Futterbelohnung, sobald der Bauch den Boden berührt. Legt Ihr Hund sich langsamer als sonst hin, lächeln Sie ihn freundlich an, es gibt aber kein Click + Futterbelohnung.

Falls Ihr Hund nach dem 3. Click + Futterbelohnung noch liegt, beenden Sie die Übung mit einem „OK!" und gehen (Sie beginnen die Übung, Sie beenden die Übung). Ansonsten beendet der Click die Übung, der Hund darf nach dem Click aufstehen.

Wie oft? 3–2 x täglich an verschiedenen Orten, einige Male nacheinander.

Resümee nach 4 Trainingswochen

An dieser Stelle ist in unserer Hundeschule das erste Trainingsmodul (Trainingswoche 1 – 4) zu Ende. Hier zeigen sich bereits Stärken und Schwächen von Hund und Halter, und für manche Hund-Halter-Teams ist nun erst mal Üben angesagt.

Für manche Hunde ist das erste Modul einfach, diese machen unmittelbar weiter mit Modul II (Trainingswoche 5 – 8). Für andere, vor allem wenn sie bereits für leichte Ablenkung empfänglich sind, ist es jetzt schon eher schwierig. Diesen Teams hilft es, für einige Zeit auf diesem Trainingslevel zu bleiben, bis die einzelnen Übungen gut sitzen. Für Hunde, die leicht abgelenkt sind, ist es umso wichtiger, die Notwendigkeit der Kooperation mit und die Orientierung am Hundehalter zu erfahren. Geben Sie Ihrem Hund Zeit, zu lernen und zu verstehen.

Aber auch Hundehalter stoßen nun bereits an Trainingsgrenzen. Klare Abläufe einzuüben und einzuhalten und sich der eigenen Körpersprache bewusst zu werden, ist für viele Menschen schwierig, für unsere Hunde aber wichtig! Nehmen Sie sich die Zeit, die Sie brauchen.

Hier bleibt der Hund trotz Knistern mit dem Taschentuch liegen. Ist die Sekundenzahl erreicht, Click. Danach gibt es die Futterbelohnung aus der Tasche zwischen die Pfoten.

Das Ziel der 5. bis 8. Trainingswoche ist, dass der Hund lernt, sich an Ihnen zu orientieren und einfache Regeln und Verbote zu lernen. Wir fördern die Kooperationsbereitschaft des Hundes und konzentrieren uns auf das Erlernen einiger verbaler Signale.

Trainingsplan 5. Woche

Gedanke der Woche: In dieser Woche beginnen wir die Handzeichen von den Hörzeichen zu trennen. Für den Hund heißt das, einige Wörter in einer Fremdsprache zu erlernen und das jeweils passende Verhalten dazu zu zeigen. Hunden fällt dieses sehr schwer, da sie, im Gegensatz zu uns, fast ausschließlich über Körpersprache kommunizieren. Sprechen Sie leise, freundlich und deutlich, vermeiden Sie Wiederholungen und geben Sie Ihrem Hund Zeit zum Nachdenken.

Die Regel wird also in den nächsten Wochen heißen: „Neues Signal vor altem Signal" bzw. „Hörzeichen vor Handzeichen".

Am Beispiel der Platz-Übung: Das Hörzeichen (neues Signal, oberes Bild) vor dem Handzeichen geben (altes Signal, unteres Bild).

Hörzeichen vor Hand-
zeichen. Es ist immer
wieder spannend – den-
noch lohnt es sich,
entspannt zu bleiben.

„Sitz"
Hörzeichen: „Siiitz"
Handzeichen: erhobener Zeigefinger
Ziel: Der Hund lernt, sich zuverlässig
auf das Hörzeichen „Siiitz" zu setzen.
So wird's gemacht: Machen Sie Ihren
Hund aufmerksam und geben Sie das
Hörzeichen eine Sekunde vor dem
Sichtzeichen. Wenn der Hund sich
setzt, Click + danach Futterbelohnung.
Entweder steht der Hund nach dem
Click von selbst auf oder Sie beenden
die Übung mit „OK!".

Nach vielen Wiederholungen wird
der Hund sich auf das Hörzeichen
„Siiitz" hinsetzen. Nun clicken Sie nur
noch, wenn Ihr Hund sich nach dem
Hörzeichen hinsetzt und Sie kein Sichtzeichen geben. Sollte Ihr Hund sich
nach dem ersten Hörzeichen nicht setzen, geben Sie das Sichtzeichen. Setzt
sich Ihr Hund nun, lächeln Sie ihn an.

Wie oft? 2–3 x täglich, ein paarmal
nacheinander.

„Platz"
Hörzeichen: „Plaaatz"
Handzeichen: flach ausgestreckte
Hand, Handfläche nach unten
Ziel: Der Hund lernt, sich aus dem Sitz
auf das Hörzeichen „Plaaatz" zuverlässig zu legen.
So wird's gemacht: Machen Sie Ihren
sitzenden Hund aufmerksam und geben Sie das Hörzeichen eine Sekunde
vor dem Sichtzeichen. Wenn der Hund
sich legt, Click + danach Futterbelohnung. Entweder steht der Hund nach
dem Click von selbst auf oder Sie beenden die Übung mit „OK!".

Nach einigen Wiederholungen wird
der Hund sich auf das Hörzeichen
„Plaaatz" hinlegen. Nun clicken Sie nur
noch, wenn Ihr Hund sich nach dem

Links: Man sieht, wie der Hund nachdem Hörzeichen überlegt. Eine leichte Abwärtstendenz ist zu erkennen.

Rechts: Sicher ist sein Verhalten beim Sichtzeichen. Dies folgt eine Sekunde nach dem Hörzeichen.

Hörzeichen hinlegt und Sie kein Sichtzeichen geben. Sollte Ihr Hund sich nach dem ersten Hörzeichen nicht legen, geben Sie das Sichtzeichen. Legt sich Ihr Hund nun, lächeln Sie ihn an. **Wie oft?** 2–3 x täglich, ein paarmal nacheinander.

Fallgeschichte zum Kommen auf Ruf
An einem sonnigen Morgen laufe ich mit meinen Hunden eine große Runde. Um uns herum ist es ganz ruhig, der Morgennebel hängt noch hier und da in der hügeligen Landschaft, die Vögel zwitschern und die Hunde laufen vergnügt und entspannt um mich herum. Doch irgendetwas auf dem verschlungenen, geteerten Weg vor uns scheint plötzlich die Aufmerksamkeit meiner Hunde auf sich zu ziehen. Da der Weg nicht gut einzusehen ist, rufe ich die Hunde zu mir und bin nun auch neu-

gierig, denn ein merkwürdiges schnarrendes Geräusch wird nun langsam auch für mich hörbar. Hinter der nächsten Kurve erscheint dann der Grund für das merkwürdige Geräusch. Zwei Frauen laufen uns mit ihren beiden Hunden auf dem Weg entgegen. Beide Hunde sind im Freilauf, einer der Hunde hat an seinem Halsband eine Automatikleine und schleift den Griff der Leine acht Meter hinter sich her. Der schrappt und scheppert über den Boden und beeinträchtigt die schöne Morgenstimmung. Während ich das so denke, entdecken uns die Hunde und kurz darauf auch deren Halterinnen. Die Hunde und das Scheppern kommen nun schneller auf uns zu. Die Frauen rufen immer wieder die Namen ihrer Hunde: „Paula! Paula! Friiiitz! Paula! Paula! Friiiitz! Friiiitz! Fritz!!! Paula! ..." und untermalen dies zusätz-

Wenn der Hund schaut, „Komm"
rufen, erst danach geht die Faust
nach unten. Wenn ihr Hund die Hand
mit der Nase berührt, Click. Danach
geht die Hand auf und der Hund
bekommt die Futterbelohnung.

lich mit rhythmischem Schütteln von Blechdosen mit Steinen (?) drin. Ein Höllenlärm! Meine Hunde bleiben verdutzt stehen und können die Situation nicht recht einschätzen. Auch ich brauche einige Sekunden und biege dann kurzentschlossen mit meinen Hunden quer beet ab. Einige Zeit höre ich noch das Rufen, Scharren und Scheppern, dann kehrt wieder Ruhe ein.

„Komm"
Handzeichen: Geschlossene Faust geht nach unten.
Hörzeichen: „Komm"
Ziel: Der Hund soll lernen, auf das Hörzeichen „Komm" zu kommen und die Faust zu berühren.
So wird's gemacht: Sie haben eine Futterbelohnung in der Hand und machen eine Faust. Ihr Hund ist mit seiner Aufmerksamkeit bei Ihnen. Rufen Sie nun „Komm!" und führen Sie danach die Hand nach unten. Lächeln Sie, wenn Ihr Hund losläuft. Wenn Ihr Hund die Hand mit der Nase berührt, Click + Futterbelohnung. Halten Sie Ihre Faust immer näher an Ihr Bein und auch leicht dahinter, damit Ihr Hund lernt, sehr nah zu Ihnen zu kommen.

Rufen Sie Ihren Hund nur mit „Komm", wenn Sie wissen, dass er nach dem ersten Ruf kommt. Wenn Sie wissen, dass Ihr Hund nicht kommen wird, rufen Sie ihn nicht!
Wie oft? 2–3 x täglich an verschiedenen Orten, einige Male nacheinander.

Angebunden warten

Ziel: Ihr Hund soll lernen, ruhig und entspannt zu warten.

So wird's gemacht: Binden Sie Ihren Hund gut fest, gehen Sie fünf Meter weg und warten Sie zehn Sekunden ab (bitte mitzählen). Zerrt er an der Leine, bellt oder jault, ignorieren Sie ihn, drehen Sie ihm evtl. sogar den Rücken zu. Ist er drei Sekunden ruhig, drehen Sie sich zu ihm um.

Wartet er zehn Sekunden ruhig, gehen Sie wieder auf ihn zu. Sollte er dabei bellen, hin und her laufen, Sie anspringen usw., bleiben Sie stehen oder gehen wieder zu Ihrem Ausgangspunkt zurück. Fahren Sie so fort, bis er sich ruhig ableinen lässt.

Wie oft? Alle 2 Tage einmal; jeweils dranbleiben, bis es klappt.

Info: Wir setzen die Hunde absichtlich nicht ins „Sitz". Der Hund soll sich seine Warteposition selbst aussuchen und darf sie auch wechseln. Es ist schwer zu kontrollieren, was ein Hund macht, der zehn Minuten außer Sicht angebunden ist: ob er danach noch oder wieder sitzt ...

Nachdem der Hund angeleint wurde, geht der Besitzer 5 Schritte weg und beginnt bis 10 zu zählen. Da Merlin ruhig wartet, kehrt sein Besitzer zurück und leint ihn ab (positive Belohnung).

Beginnt Merlin zu bellen, dreht sich sein Besitzer weg (negative Strafe). Sobald Merlin 2 Sekunden ruhig ist, dreht sich sein Besitzer wieder um (positive Belohnung) und versucht, bis 10 zu zählen.

Bitte mit Gefühl und Konsequenz – nicht mit Gewalt.

Medical Training

Ziel: Ihr Hund soll lernen, sich körperlich manipulieren zu lassen.

So wird's gemacht: Legen Sie eine Hand auf die Brust des Hundes (evtl. ins Halsband fassen), die andere Hand streicht über den Rücken und drückt am Po so stark, bis er sitzt (bitte nicht „Sitz" sagen). Click + Futterbelohnung, sobald der Hund sitzt.

Streichen Sie an der Unterseite von vorn nach hinten und ziehen Sie ganz leicht nach oben, bis er wieder steht. Click + Futterbelohnung, sobald der Hund steht.

Nach einigen Tagen Übung den Hund jeweils einige Sekunden in der Stellung halten und freundlich mit ihm sprechen. Ziehen Sie die Übung freundlich und konsequent durch, auch wenn er zappelt oder sich hinwerfen will. Nicht aufhören, solange der Hund „albern" ist!

Wie oft? Alle 2 Tage 1 x genügt.

Hier sieht man sehr schön, wie der Hund „gekippt" wird.

„Hmm, lecker Enten-
fleisch! Aber warum
sagt sie ‚Äh-äh'? Egal,
das ist bestimmt für
mich!"

„Schade"

„Schade" signalisiert dem Hund: Dieses
Verhalten lohnt sich nicht. Es ist eine
konditionierte, negative Strafe, also eine Verhaltensunterbrechung.
Hörzeichen: „Schade", „Äh-äh", „Leider
verloren" oder ähnliches.
Ziel: Der Hund bekommt Frust, wenn
er das Hörzeichen hört, und gibt auf,
ohne sein ursprünglich geplantes Verhalten auszuprobieren. Sie merken
schon beim Lesen, eine große Aufgabe
erwartet Sie!

So wird's gemacht: Sie haben ein Superfutter in der geschlossenen Hand.
Lassen Sie den Hund kurz schnuppern
und öffnen Sie die Hand ca. einen Meter vom Hund entfernt. Sagen Sie schon
„Schade", wenn der Hund das Futter
nur anschaut. Schließen Sie schnell die
Hand, kurz bevor er das Futter erreicht.
Womöglich werden Sie erstaunt sein,
wie schnell Ihr Hund ist. Unter keinen
Umständen darf der Hund das Futter
bekommen!

„Huch, die ist aber
schnell. Weg ist es!
Schade!! Ob das was mit
‚Äh-äh' zu tun hat?"

Wiederholen Sie dies so oft, bis der
Hund aufgibt und sich nach dem „Schade" nicht mehr in Bewegung setzt. Es
gibt keine Belohnung, wir möchten
Frust auf Hörzeichen trainieren.
Wie oft? 1x täglich so lange, bis es
klappt.

Trainingsplan 6. Woche

Gedanke der Woche: Training bedeutet, nach und nach die Anforderungen und Ablenkungen zu steigern. Achten Sie auf genügend Wiederholungen an verschiedenen Orten. Mindestens zwei Ausflüge in „unbekanntes" Gebiet pro Woche ermöglichen Ihnen neue Trainingsorte, und Ihr Hund hat mehr Spaß an Ihren gemeinsamen Unternehmungen. Mal im Wald und mal zwischen den Feldern wären geeignete Trainingsorte. Aber auch in einem Park, in einem Parkhaus oder mal auf dem Parkplatz eines Einkaufszentrums.

„Prima"
Hörzeichen: „Priiima!"
Optisches Signal: Lächeln
Ziel: „Prima" ist ein Keep-going-Signal: Der Hund lernt ein Hörzeichen, das ihm rückmeldet, auf dem richtigen Weg zu Click + Futterbelohnung zu sein.

In Situationen, in denen Sie bisher Ihren Hund angelächelt haben, nehmen Sie das Wort „Priiima!" dazu.

„Priiima!" wird zum Signal für „Toll, du bist auf dem richtigen Weg! Das gefällt mir! Das machst du gut! Wenn du so weiter arbeitest, hast du dir ein Click und eine Belohnung verdient!"

Links: Der Hund hat sich auf das Hörzeichen gesetzt, der Halter lächelt, sagt „Priiima" und zählt die Sekunden.

Rechts: Der Hund steht auf, das Lächeln verschwindet sofort und er bekommt ein „Schade" als Rückmeldung …

„Sitz"

Hörzeichen: „Siiitz"

Handzeichen: erhobener Zeigefinger

Ziel: Der Hund lernt, sich zuverlässig auf das Hörzeichen „Siiitz" zu setzen und länger sitzen zu bleiben.

So wird's gemacht: Geben Sie das Hörzeichen für „Sitz". Lächeln Sie ein „Priiima!", wenn Ihr Hund sich setzt, und zählen Sie zwei Sekunden. Wenn Ihr Hund nach zwei Sekunden noch sitzt, Click + danach Futterbelohnung.

Versuchen Sie nun jeden Tag, Ihren Hund eine Sekunde länger sitzen zu lassen. Ist die Sekundenzahl des Tages erreicht, Click + danach Futterbeloh-nung. Setzt er sich nicht beim ersten Versuch hin, brechen Sie die Übung mit „Äh-äh!" (oder „Schade") ab, ignorieren ihn und zählen langsam bis 5. Jetzt wenden Sie sich wieder dem Hund zu und versuchen es erneut.

Falls Ihr Hund nach dem Click + Futterbelohnung noch sitzt, beenden Sie die Übung mit einem „OK!" und gehen (Sie beginnen die Übung, Sie beenden die Übung). Ansonsten beendet der Click die Übung, der Hund darf nach dem Click aufstehen. Manche Hunde bleiben auch sitzen.

Wie oft? 2–3 x täglich an verschiedenen Orten, einige Male nacheinander.

Links: ... gefolgt von 5 Sekunden Auszeit.

Rechts: Danach arbeiten die beiden gemeinsam weiter an der Übung.

„Plaatz" – hier hat es noch nicht geklappt und der Hund bleibt sitzen. Nach dem „Äh-äh" dreht der Mensch sich um und ignoriert den Hund.

„Platz"

Hörzeichen: „Plaaatz"

Handzeichen: flach ausgestreckte Hand, Handfläche nach unten

Ziel: Der Hund lernt, sich aus dem Sitz auf das Hörzeichen „Plaaatz" zuverlässig zu legen und länger liegen zu bleiben.

So wird's gemacht: Geben Sie das Hörzeichen für „Platz". Lächeln Sie ein „Priiima!", wenn Ihr Hund sich legt, und zählen Sie zwei Sekunden. Wenn Ihr Hund nach zwei Sekunden noch liegt, Click + danach Futterbelohnung.

Versuchen Sie nun jeden Tag, Ihren Hund eine Sekunde länger liegen zu lassen. Ist die Sekundenzahl des Tages erreicht, Click + Futterbelohnung.

Legt er sich nicht beim ersten Versuch hin, brechen Sie die Übung mit „Äh-äh!" ab, ignorieren den Hund und zählen langsam bis 5. Jetzt wenden Sie sich wieder dem Hund zu und versuchen es erneut.

Falls Ihr Hund nach dem Click + Futterbelohnung noch liegt, beenden Sie die Übung mit einem „OK!" und gehen (Sie beginnen die Übung, Sie beenden

Hochwertiges Trockenfleisch wird zum Tausch angeboten gegen den eher langweiligen Kauknochen.

belohnung vor die Nase. Sagen Sie freundlich „Aus" in dem Moment, wo der Hund seine Beute fallen lässt. Click + danach Futterbelohnung, wenn die Beute auf dem Boden liegt. Sie nehmen die Beute an sich, nach Verzehr der Futterbelohnung geben Sie ihm seine Beute wieder.

Wenn Sie sich davon überzeugt haben, dass Ihr Hund bereitwillig tauscht, sagen Sie freundlich „Aus", bevor Sie die Futterbelohnung zum Tausch anbieten.

Wie oft? Bis es gut klappt, mit verschiedenen Gegenständen.

Nach 5 Sekunden Auszeit gibt es den 2. Versuch. Legt der Hund sich hin, gibt es ein „Priiima!", dann die Sekunden zählen, Click, und danach gibt es eine Belohnung.

die Übung). Ansonsten beendet der Click die Übung, der Hund darf nach dem Click aufstehen.

Wie oft? 2–3 x täglich an verschiedenen Orten, einige Male nacheinander.

„Aus"

Ziel: Auf das Signal „Aus" lässt der Hund das, was er im Maul hält, fallen.

So wird's gemacht: Leinen Sie Ihren Hund an und geben Sie ihm einen Kauknochen oder ein Spielzeug. Die leichtere Variante zuerst: Halten Sie ihm nun eine besonders schöne Futter-

Tipp | Handzeichen

Manchen Hunden hilft es, wenn man die ersten zwei Sitz- bzw. Platzübungen nach dem gegebenen Handzeichen mit Click + danach Futterbelohnung belohnt. Wählen Sie hierzu eine einfache Futterbelohnung. Ab der dritten Übung (der Hund ist jetzt „warm") Click + danach eine besondere Futterbelohnung, wenn er sich nach dem Hörzeichen setzt bzw. legt. Bei unsicheren Hunden kann man so unnötigen Stress vermeiden.

Der Hund lässt den Kauknochen fallen und bekommt dafür den Click und danach die Futterbelohnung. Mit der anderen Hand wird der Kauknochen aufgehoben und der Hund bekommt ihn zurück.

„Komm!" rufen, wenn die Hand noch oben ist; erst danach geht die Hand nach unten.

„Komm"

Handzeichen: Geschlossene Faust geht nach unten.

Hörzeichen: „Komm"

Ziel: Der Hund soll lernen, auf das Hörzeichen „Komm" zu kommen und die Faust zu berühren.

So wird's gemacht: Sie haben eine Futterbelohnung in der Hand und machen eine Faust. Rufen Sie nun „Komm!" und führen Sie danach die Hand nach unten. Lächeln Sie, wenn Ihr Hund los-

läuft. Wenn Ihr Hund die Hand mit der Nase berührt, Click + danach Futterbelohnung.

Halten Sie Ihre Faust immer näher an Ihr Bein und auch leicht dahinter, damit Ihr Hund lernt, sehr nah zu Ihnen zu kommen.

Rufen Sie Ihren Hund nur mit „Komm", wenn Sie wissen, dass er nach dem ersten Ruf kommt. !

Wie oft? 2–3 x täglich an verschiedenen Orten, einige Male nacheinander.

Click, wenn der Hund die Hand berührt, dann gibt es die Belohnung aus der Tasche. Vorfreude ist die schönste Freude.

Links: Im Stehen lässt sich dieser Hund überall bürsten.

Rechts: Training für den Ernstfall: Nur wenn sich der Hund überall körperlich manipulieren lässt, sind auch Verbände und andere Behandlungen für den Hund entspannt möglich.

Medical Training

Ziel: Ihr Hund soll lernen, sich körperliche mit einer Bürste manipulieren zu lassen.

So wird's gemacht: Stellen Sie Ihren Hund quer vor sich und bürsten Sie ihn richtig durch. Wenn er stillhält, ist es wieder Zeit für Click + Futterbelohnung und eine kleine Pause, um in Ruhe zu fressen. Bitte nicht schimpfen, aber die Übung konsequent durchziehen. Falls Ihr Hund an einer Körperstelle besonders empfindlich ist, lassen Sie diese die ersten Male aus, um das Bürsten angenehm zu machen.

Wie oft? Alle 2 Tage 1x, aber dranbleiben, bis er wirklich still hält.

„Schade"

Hörzeichen: „Schade", „Äh-äh" oder ähnliches

Ziel: Der Hund gibt auf, an die Futterbelohnung zu kommen. Der Hund bekommt Frust, wenn er das Hörzeichen

Links: Der Hund verfolgt die Flugbahn genau, um im richtigen Moment durchzustarten.

Rechts: Damit Sie die Konsequenz „Negative Bestrafung" nach dem „Äh-äh" umsetzen können, treten Sie ggf. schnell auf das Leckerli (nicht auf den Hund!).

hört, und gibt auf, ohne sein ursprünglich geplantes Verhalten auszuprobieren.

So wird's gemacht: Sie haben ein Superfutter in der geschlossenen Hand. Lassen Sie den Hund kurz schnuppern und öffnen Sie die Hand ca. einen Meter vom Hund entfernt. Sagen Sie „Schade" und öffnen Sie die Hand. Lassen Sie die Futterbelohnung ca. ein bis zwei Meter entfernt von der Hundenase fallen.

Startet der Hund nicht durch, sondern schaut Sie an (Ersatzverhalten), Click + danach Futterbelohnung aus der Tasche. Sie nehmen das Superfutter vom Boden und stecken es ein.

Startet Ihr Hund durch, werden Sie erstaunt sein, wie schnell er ist. Unter keinen Umständen darf der Hund die Futterbelohnung bekommen! Notfalls treten Sie schnell drauf.

Wiederholen Sie dies so oft, bis der Hund aufgibt und sich nach dem „Schade" nicht mehr in Bewegung setzt. Wenn er Sie anschaut, Click + danach Futterbelohnung. Wird kein sinnvolles Ersatzverhalten gezeigt, gibt es auch kein Click, keine Futterbelohnung.

Wie oft? 1x täglich, bis es klappt.

Trainingsplan 7. Woche

Gedanke der Woche: Schlechten Angewohnheiten vorzubeugen, den Hund in schwierigen oder unübersichtlichen Situationen anzuleinen, ist professioneller, als auf Probleme zu warten. Handeln Sie vorausschauend und gehen Sie auf Nummer sicher, wenn Sie mit ihrem Raubtier durch Feld und Wald streifen. Lassen Sie Ihren Hund sich normalerweise nicht weiter als 15-20 Meter entfernen. An unübersichtlichen Wegstücken und vor Kreuzungen, die schlecht einzusehen sind, führen Sie Ihren Hund am besten bei sich. Sie sind in ein Gespräch vertieft oder wollen einfach nur die Landschaft genießen? Sichern Sie Ihren Hund mit einer Leine ab. Die kann bei einem gut ausgebildeten Hund später auch „unsichtbar" sein.

„Sitz"

Hörzeichen: „Siiitz"
Handzeichen: erhobener Zeigefinger
Ziel: Der Hund lernt, sich auf das Hörzeichen „Siiitz" zuverlässig zu setzen und länger unter leichter Ablenkung sitzen zu bleiben.

Den Click gibt es immer erst, wenn Sie beim Hund stehen. Lächeln Sie und bewegen Sie sich entspannt.

So wird's gemacht: Sichern Sie den Hund mit einer Leine ab. Geben Sie das Hörzeichen für „Sitz". Lächeln Sie, wenn Ihr Hund sich setzt, gehen Sie einen Schritt zurück und sofort wieder zum Hund hin. Click + danach Futterbelohnung, wenn er noch sitzt. Sagen Sie „Äh-äh", wenn er vorher aufsteht, und beginnen Sie die Übung neu.

Versuchen Sie nun jeden Tag, Ihren Hund eine Sekunde länger einen Schritt entfernt sitzen zu lassen. Ist die Sekundenzahl des Tages erreicht, gehen Sie zu Ihrem Hund zurück. Wenn Sie wieder bei Ihrem Hund stehen und dieser ruhig sitzt, Click + danach Futterbelohnung.

Falls Ihr Hund nach dem Click + Futterbelohnung noch sitzt, beenden Sie die Übung mit einem „OK!" und gehen (Sie beginnen die Übung, Sie beenden die Übung). Ansonsten beendet der Click die Übung.

Wie oft? 2–3 x täglich an verschiedenen Orten, einige Male nacheinander.

„Platz"
Hörzeichen: „Plaaatz"
Handzeichen: flach ausgestreckte Hand, Handfläche nach unten

Ziel: Der Hund lernt aus dem Sitz, sich auf das Hörzeichen „Plaaatz" zuverlässig zu legen und länger unter leichter Ablenkung liegen zu bleiben.

So wird's gemacht: Sichern Sie den Hund mit einer Leine ab. Geben Sie das Hörzeichen für „Platz". Lächeln Sie, wenn Ihr Hund sich legt, gehen Sie einen Schritt zurück und sofort wieder zum Hund hin. Click + Futterbelohnung, wenn er noch liegt.

Wenn der Hund vorher aufsteht, sagen Sie „Äh-äh" und starten die Übung neu.

Versuchen Sie nun jeden Tag, Ihren Hund eine Sekunde länger einen Schritt entfernt liegen zu lassen. Ist die Sekundenzahl des Tages erreicht, gehen Sie zu Ihrem Hund hin. Wenn dieser noch ruhig liegt, Click + Futterbelohnung.

Falls Ihr Hund nach dem Click + Futterbelohnung noch liegt, beenden Sie die Übung mit einem „OK!" und gehen. Ansonsten beendet der Click die Übung, der Hund darf aufstehen.

Wie oft? 2–3 x täglich an verschiedenen Orten, einige Male nacheinander.

Hier bleiben Sie (wie auch in der Sitz-Übung) nach einem Schritt zurück stehen und zählen die Sekunden. Erst dann geht es zurück zum Hund, Click, und danach gibt es die Belohnung aus der Tasche.

Die Übung „Aus": Kein
Futter in der Hand.

„Aus"

Ziel: Auf das Signal „Aus" lässt der
Hund das, was er im Maul hält, fallen.

So wird's gemacht: Leinen Sie Ihren
Hund an und geben Sie ihm einen
Kauknochen oder ein Spielzeug. Mit
der gleichen Bewegung wie in der letzten Woche, nur ohne Futterbelohnung
in der geschlossenen Hand.

Sagen Sie freundlich „Aus" in dem
Moment, wo der Hund seine Beute fallen lässt. Click und danach Futterbelohnung aus der Tasche, wenn die Beute auf dem Boden liegt. Sie nehmen die
Beute an sich, nach Verzehr der Futter-

Links: „Aus" und danach
das Handzeichen.

Rechts: Click, wenn der
Hund den Kauknochen
loslässt.

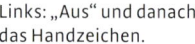

Links: Die Belohnung
kommt aus der Tasche.

Rechts: Wahrend der
Hund frisst, den
Kauknochen aufheben
und wiedergeben.

belohnung geben Sie ihm seine Beute wieder.

Wie oft? Bis es gut klappt, mit verschiedenen Gegenständen.

„Komm"

Handzeichen: Geschlossene Faust geht nach unten.

Hörzeichen: „Komm"

Ziel: Der Hund soll lernen, auf das Hörzeichen „Komm" zu kommen und die Faust zu berühren.

So wird's gemacht: Sie haben keine Futterbelohnung in der Hand und machen eine Faust. Rufen Sie nun „Komm" und führen Sie danach die Hand nach unten. Lächeln Sie, wenn Ihr Hund losläuft. Wenn Ihr Hund die Hand mit der Nase berührt, Click + Futterbelohnung aus der Tasche. Halten Sie Ihre Faust immer näher an Ihr Bein und auch leicht dahinter, damit Ihr Hund lernt, sehr nah zu Ihnen zu kommen.

Rufen Sie Ihren Hund nur mit „Komm", wenn Sie wissen, dass er nach dem ersten Ruf kommt. Wenn Sie wissen, dass Ihr Hund nicht kommen wird, rufen Sie ihn nicht! Überraschen Sie Ihren Hund ab und an, bei guten Ausführungen, mit einem besonderen Leckerbissen oder Spiel.

Wie oft? 2–3 x täglich an verschiedenen Orten, einige Male nacheinander.

Oben: Jetzt mit Ablenkung: Mit dem Aufmerksamkeits-Signal holt sich der Hundehalter die Aufmerksamkeit zurück. Dann „Komm!", danach die Hand nach unten.

Mitte: Der Hund orientiert sich an der Hand als Ziel.

Unten: Nach dem Click gibt es die Belohnung aus der Tasche.

Medical Training

Drehen Sie den Hund auf die Seite oder den Rücken und „untersuchen" Sie ihn gründlich, z.B. zwischen den Ballen, an den Hinterbeinen, am Po, am Hals, den Ohren. Immer so lange, bis er stillhält. Während der Untersuchung Click + Futterbelohnung, danach mit einem „OK!" freigeben.

Wie oft? Alle 2–3 Tage einmal konsequent durchziehen.

„Schade"

Hörzeichen: „Schade" oder „Äh-äh"

Ziel: Der Hund gibt auf, an das Futter zu kommen. Der Hund bekommt Frust, wenn er das Hörzeichen hört, und gibt auf, ohne sein ursprünglich geplantes Verhalten auszuprobieren.

So wird's gemacht: Sie haben ein Superfutter (Schweineohr, Trockenfleisch …) in der geschlossenen Hand. Werfen Sie dies nun vom Hund weg, weiter, als die Leine lang ist. Sobald der Hund zuckt, hinterherschaut, sagen Sie „Schade". Startet der Hund nicht durch, sondern schaut Sie an (Ersatzverhalten), Click + danach Superfutter aus der Tasche. Sie nehmen das Superfutter vom Boden auf und stecken es ein.

Startet Ihr Hund durch, werden Sie erstaunt sein, wie schnell er ist. Halten Sie die Leine gut fest, unter keinen Umständen darf der Hund die Futterbelohnung bekommen! Binden Sie den Hund an, holen Sie die Futterbelohnung und starten Sie einen neuen Versuch.

Wiederholen Sie dies so oft, bis der Hund aufgibt und er sich nach dem „Schade" nicht mehr in Bewegung setzt, sondern Sie anschaut, dann Click + Futterbelohnung.

Wird kein sinnvolles Ersatzverhalten gezeigt, gibt es auch keine Futterbelohnung.

Wie oft? 1x täglich, bis es klappt.

Vorsicht! Je nach Hundegröße kann es nun gewaltig an Ihrem Arm rucken.

Der Hund ist aufgrund von „Äh-äh" sitzen geblieben und nimmt nun Blickkontakt auf. Dafür gibt es einen Click und danach ein Super-Leckerli aus der Tasche. Auch ein lustiges Zerrspiel wäre hier passend, wenn der Hund es mag und die Übung „Aus" gut beherrscht.

Linke Seite: Hier wird der Hund mit einem Leckerli in der Hand auf die Seite gedreht.

Trainingsplan 8. Woche

Gedanke der Woche: Ob für Spaziergänger, Radfahrer, Reiter, Jogger oder Wanderer – jeder darf den Wald und Feldwege auf seine eigene Art und Weise nutzen.

Damit aber jeder Wald und Flur genießen kann, ist es notwendig, Rücksicht auf Tiere (egal ob Wild oder Nutzvieh), Pflanzen, Eigentum anderer Menschen (die Felder und der Wald gehören ja jemandem) sowie andere Erholungsuchende zu nehmen.

Für Hundehalter bedeutet dies, seinen Hund und die Umgebung stets im Auge zu behalten und Gefahren für den Hund, aber auch für die Umwelt schnell und richtig einzuschätzen.

Wenn Kinder in der Nähe sind, bleibt auch der netteste Hund bei seinem Halter. Auch Jogger, Radfahrer, Reiter usw. möchten in der Regel in Ruhe ihrer Freizeitbeschäftigung nachgehen. Die meisten freuen und bedanken sich, wenn man seinen Hund zu sich ruft und dieser höflich und zurückhaltend wartet.

Wenn der Hund sitzt, „Prima!" sagen, die Schrittzahl zurückgehen, stehen bleiben, Sekunden zählen und wieder zum Hund gehen. Wenn Sie vor Ihrem Hund stehen, Click und danach Leckerli aus der Tasche.

Für Sie und Ihren Hund ist dies eine gute Übungssituation unter Ablenkung. Ihr Hund kann sich Belohnungen verdienen und Sie werden Lob und anerkennendes Lächeln bekommen, denn nicht jeder Hundehalter benimmt sich so vorbildlich wie Sie.

„Sitz"

Hörzeichen: „Siiitz"
Handzeichen: erhobener Zeigefinger
Ziel: Der Hund lernt, sich auf das Hörzeichen „Siiitz" zuverlässig zu setzen und länger unter leichter Ablenkung sitzen zu bleiben, Ihr Abstand zum Hund vergrößert sich.
So wird's gemacht: Geben Sie das Hörzeichen für „Sitz". Lächeln Sie ein „Priiima!", wenn Ihr Hund sich setzt, gehen Sie zwei Schritte zurück und sofort wieder zum Hund hin. Click + danach Futterbelohnung, wenn er noch sitzt. „Äh-äh", wenn er vorher aufsteht. Bringen Sie den Hund auf seinen Warteplatz zurück. Bitte die Übung dann neu starten.

Versuchen Sie nun jeden Tag, Ihren Hund einen Schritt weiter entfernt sitzen zu lassen. Ist die Schrittzahl des Tagen erreicht, gehen Sie zu Ihrem Hund zurück, Click + danach Futterbelohnung.

Falls Ihr Hund nach dem Click + Futterbelohnung noch sitzt, beenden Sie die Übung mit einem „OK!" und gehen (Sie beginnen die Übung, Sie beenden die Übung).

Ansonsten beendet der Click die Übung, der Hund darf nach dem Click aufstehen.
Wie oft? 2–3 x täglich an verschiedenen Orten, einige Male nacheinander.

„Platz"

Hörzeichen: „Plaaatz"
Handzeichen: flach ausgestreckte Hand, Handfläche nach unten
Ziel: Der Hund lernt aus dem Sitz, sich auf das Hörzeichen „Plaaatz" zuverlässig zu legen und länger unter leichter Ablenkung liegen zu bleiben.
So wird's gemacht: Geben Sie das Hörzeichen für „Platz". Lächeln Sie ein „Priiima!", wenn Ihr Hund sich legt, gehen Sie zwei Schritte zurück und sofort wieder zum Hund hin. Click + Futterbelohnung, wenn er noch liegt.

Mit Handspiegel lässt sich der Hund auch aus dieser Entfernung kontrollieren. Bis die Übung gut sitzt, bleibt er über die Schleppleine abgesichert.

Die Belohnung erfolgt weiterhin beim Hund. Dies bestärkt das Warten.

„Äh-äh", wenn er vorher aufsteht; dann die Übung neu starten. Versuchen Sie nun jeden Tag, Ihren Hund einen Schritt weiter entfernt liegen zu lassen. Ist die Schrittzahl des Tages erreicht, gehen Sie zu Ihrem Hund zurück, Click + Futterbelohnung. Falls Ihr Hund nach dem Click + Futterbelohnung noch liegt, beenden Sie die Übung mit einem „OK!" und gehen (Sie beginnen die Übung, Sie beenden die Übung).

Ansonsten beendet der Click die Übung, der Hund darf nach dem Click aufstehen.

Wie oft? 2–3 x täglich an verschiedenen Orten, einige Male nacheinander.

Links: Der Hund hält seine Beute; sagen Sie nun „Aus", ohne Futterbelohnung in der Hand. Click und danach die Futterbelohnung aus der Tasche, wenn der Kauknochen auf dem Boden liegt.

Rechts: Während der Hund seine Belohnung frisst, den Kauknochen wieder aufheben.

Rechte Seite: Danach erhält der Hund seinen Knochen zurück.

Tipp   Im Spiegel

Mit einem Handspiegel lässt sich optimal mit dem Rücken zum Hund trainieren. Sagen Sie „Äh-äh", wenn er vor Erreichen des Trainingsziels aufsteht, und bringen Sie den Hund an seinen Liegeplatz zurück.

„Aus"

Ziel: Auf das Signal „Aus" lässt der Hund das, was er im Maul hält, fallen.

So wird's gemacht: Leinen Sie Ihren Hund an und geben ihm einen Kauknochen oder ein Spielzeug. Halten Sie ihm keine Futterbelohnung vor die Nase. Sagen Sie freundlich „Aus" in dem Moment, wenn der Hund seine Beute fallen lässt. Click + Futterbelohnung aus der Tasche, wenn die Beute auf dem Boden liegt. Sie nehmen die Beute an sich; nach Verzehr der Futterbelohnung geben Sie ihm seine Beute wieder.

Babysocken schützen bei leichten Verletzungen.

Wie oft? Bis es gut klappt, mit verschiedenen Gegenständen.

Medical Training

Ziehen Sie Ihrem Hund einen Pfotenschuh oder eine Babysocke an. Grundvoraussetzung hierfür ist, dass sich Ihr Hund im Sitzen oder Stehen die Pfoten manipulieren lässt. Hält der Hund still, Click, danach Pfote loslassen und eine Futterbelohnung.

   Richtige Pfotenverbände anzulegen ist recht schwierig, da der Hund sehr lange stillhalten muss. Alle Zehen werden hierbei einzeln abgepolstert, damit der Druck des Verbandes nicht die Zehen zusammendrückt und sich durch die Krallen weitere Verletzungen ergeben. Ist ein Hund tatsächlich an der Pfote verletzt, kann man einen Erstverband anlegen und diesen mit einem Pfotenschuh absichern. Bei Pfotenverletzungen bitte immer zum Tierarzt!

Der Hund ist leicht abgelenkt und steht mit dem Rücken zum Halter. Dieser ruft „Komm!"

Der Hund dreht sich schnell um – hierfür gibt es den Click. Danach Futterbelohnung oder Spiel beim Halter

„Komm"

Handzeichen: Geschlossene Faust geht nach unten.

Hörzeichen: „Komm"

Ziel: Der Hund soll lernen, auf das Hörzeichen „Komm" zu kommen und die Faust zu berühren.

So wird's gemacht: Sie haben keine Futterbelohnung in der Hand und machen eine Faust. Rufen Sie nun „Komm!" und halten Sie die geschlossene Faust nach unten (ohne Bewegung). Lächeln Sie, wenn Ihr Hund losläuft; wenn er die Hand mit der Nase berührt, Click + Futterbelohnung aus der Tasche.

Sie dürfen nun auch immer clicken, wenn Ihr Hund schnell umdreht und losläuft. So trainieren Sie die Geschwindigkeit des Umdrehens.

Rufen Sie Ihren Hund nur mit „Komm", wenn Sie wissen, dass er nach dem ersten Ruf kommt. Wenn Sie wissen, dass er nicht kommen wird, rufen Sie ihn nicht!

Wie oft? 2–3 x täglich an verschiedenen Orten, einige Male nacheinander.

„Schade" generalisieren

Hörzeichen: „Schade" oder „Äh-äh"

Ziel: Der Hund überträgt das Signal auch auf andere, bekannte Situationen.

So wird's gemacht: Sagen Sie nun auch in anderen Situationen „Schade", um eine Generalisierung zu erreichen. Hier einige Beispiele:

> Sie öffnen die Tür. In dem Moment, wenn Ihr Hund losläuft, sagen Sie „Schade". Bleibt er von der Tür weg, schaut Sie sogar an, lächeln Sie und gehen sogleich mit ihm spazieren. Bleibt der Hund nicht von der Tür weg, schließt sich die Tür vor seiner Nase.

> Ihr Hund läuft an der Leine schneller als Sie. Sagen Sie „Schade". Läuft Ihr Hund nun wieder langsamer und zeigt das Ersatzverhalten, lächeln Sie und gehen weiter. Wird Ihr Hund nicht langsamer oder schaut Sie sogar an, bleiben Sie konsequent stehen, kurz bevor Ihr Hund das Leinenende erreicht.

> Ihr Hund läuft zur geöffneten Futtertonne. Sie sagen „Schade" und schließen die Tonne.

> Ihr Hund bellt Sie an wegen des Balls in Ihrer Hand. Sie sagen „Schade", stecken den Ball ein und gehen.

Wenn Ihnen etwas gefällt, lächeln Sie – immer. Wenn der Hund beginnt, ein unerwünschtes Verhalten zu zeigen, hören Sie auf zu lächeln; sagen Sie „Schade". Wenn der Hund sein Verhalten ändert, lächeln Sie. Wenn nicht, sorgen Sie dafür, dass er keinen Erfolg hat.

Das Supersignal

Kommen auf Pfiff

Das Supersignal ist ein Signal, das vom Hund gut und einfach erkannt wird und ausschließlich positiv verknüpft ist. Am besten eignet sich als Signal eine Pfeife; sie wird vom Hund mit Leichtigkeit erkannt und ist weit hörbar.

Als Belohnung für das Supersignal nutzen wir das, was der Hund am liebsten frisst, und das in großen Mengen. Gutes Hundenassfutter eignet sich, vorausgesetzt, der Hund bekommt dies nicht jeden Tag. In den ersten 14 Tagen nur Super-futter verwenden und immer mit-führen! Die „normale" Fütterung kann während dieser Zeit zum Teil eingestellt werden.

Der 1. Trainingstag

Die ersten Male pfeifen wir, wenn der Hund in einer einfachen Situati-on auf uns zuläuft. Im selben Mo-ment positionieren wir Hundenass-futter auf dem Boden, zwischen unseren Füßen.
Nach einigen Wiederholungen pfeifen wir, wenn uns der Hund nicht anschaut. Sobald er auf uns zuläuft, das Hundefutter auf den Boden positionieren.
Ca. 10 bis 15 Wiederholungen.

Das Training aufbauen

2. bis 7. Tag

Dreimal täglich in verschiedenen, einfachen Situationen pfeifen und Futter positionieren.

8. bis 14. Tag

Einmal täglich in langsam schwieri-ger werdenden Situationen pfeifen und Futter positionieren.

Ab dem 14. Tag

Ein- bis dreimal in der Woche in verschiedenen Situationen (von einfachen zu schwierigeren) pfeifen und Futter positionieren.

Das Supersignal verwenden

Das Supersignal funktioniert wie ein Akku. Hat man mal in einer schwierigen Situation gepfiffen und hat nichts oder nichts Besonderes dabei, wird es trotzdem funktionieren. Bitte beachten: Danach muss das Signal wieder aufgeladen werden (siehe 8. bis 14.Tag).
Bitte das Supersignal nur sparsam und im Notfall als „Notbremse" verwenden, sonst ist es schnell abgenutzt!

Spiel statt Futter

Wenn Sie einen Hund haben, der eine starke Vorliebe für ein bestimmtes Spielzeug hat, können Sie das Spielzeug als Belohnung für das Supersignal nutzen. Gleichzeitig sollte das Spielzeug nicht zur freien Verfügung stehen oder oft genutzt werden. Ein Zerrspiel als Belohnung sollte 5–10 Sekunden dauern.
Ein Wurfspiel als Belohnung erfolgt in Laufrichtung des Hundes, also hinter dem Hundehalter. Die Grundvoraussetzung für diese Belohnung ist, dass der Hund das Spielzeug sicher zum Hundehalter zurückbringt und dort sicher und zügig wiedergibt.
Wie immer bei Spielbelohnungen muss das Spielzeug nach der Belohnung wieder in die Tasche, außer Sicht des Hundes. Das ist nicht immer angenehm, muss aber auch bei nassem, dreckigem oder eingespeicheltem Spielzeug sein.

Supersignal und Rückruf

„Kommen auf Ruf" zu üben, ist weiterhin wichtig, damit der Hund auch ohne Pfeife zurückkommt. (Eine Pfeife kann man vergessen oder verlieren, seine Stimme hat man meist dabei.)
Der angenehme Nebeneffekt bei diesem Training: Der „normale" Rückruf wird besser!

Eines der sicherlich groß-
artigsten Trainingshilfs-
mittel ist der Clicker.
Es gibt weitere nützliche
Hilfsmittel im Hunde-
training. Ob diese gut oder
schlecht, gefährlich oder
ungefährlich sind, hängt
von der Verwendung ab.

Clicker, Leine & Co.

Grundsätzlich gilt, wie bei allen Arbeitsmaterialien: Eine hohe Funktionalität, Haltbarkeit und Qualität sichern langes Trainingsvergnügen und sind auf Dauer gesehen günstiger.

Trainingshilfsmittel sind, wie der Name schon sagt, nicht für den ständigen Gebrauch gedacht. Diese Hilfsmittel sollen das Training unterstützen und Hund und Halter helfen.

Trainingshilfsmittel sollen natürlich dem Hund keinen Schaden oder Schmerzen zufügen. Die Verwendung von Reizstromgeräten ist in Deutschland verboten. Trotzdem finden sich immer wieder Leute, die bereit sind, auch Welpenhaltern diese Geräte großzügig zu besorgen. Da keinem Hund unnötig Leid zugefügt werden soll, ist auch die Verwendung von Endloswürgern, Stachelhalsbändern und Erziehungsgeschirren, die mit Zug und Schmerz in den Achseln des Hundes arbeiten, abzulehnen.

Clicker – ein großartiges
Trainingshilfsmittel

Ein gut sitzendes Halsband mit großem Ring, der erleichtert das Anleinen.

Das Halsband

Das Halsband sollte mindestens 1,5 Halswirbel breit sein, damit es sich nicht zwischen zwei Halswirbel setzen kann. Die Breite in Zentimeter ergibt sich also aus der Größe des Hundes. Ob ein Halsband aus Leder oder Gurtmaterial, mit oder ohne Verzierungen, ist Geschmackssache. Leder ist pflegeintensiver als Synthetik und wird bei schlechter Pflege brüchig. Ein Synthetikhalsband wirkt oft nicht so edel, sondern eher sportlich, kann aber bei Verschmutzungen mit in die Waschmaschine.

Wichtig ist, dass der Verschluss bzw. der Ring für die Leine bei plötzlichen Belastungen sicher geschlossen bleibt. Leider halten billige Plastik-Steckverschlüsse und billige Ringe – gerade bei großen, temperamentvollen Hunden – manchmal nicht. Dies birgt, gerade in der Nähe von Straßen, ein hohes Sicherheitsrisiko.

Zwischen Hals und Halsband müssen mindestens zwei Finger passen, dies gilt auch für Flachzug-Halsbänder mit Zugstopp im geschlossenen Zustand. Der Hund sollte aus Sicherheitsgründen nicht rückwärts aus dem Halsband schlüpfen können. Das heißt: Das Halsband sollte einen kleineren Umfang haben als der Hundekopf.

Ein gut sitzendes Halsband ist ideal für den Freilauf und das Spiel mit anderen Hunden, da der Hund kaum Möglichkeit hat, in Zweigen, Zähnen und Beinen hängen zu bleiben.

Ein Hund, der gelernt hat, an der lockeren Leine zu laufen, kann gefahrlos auch am Halsband über die Leine geführt werden. Schleppleinen und auch Automatikleinen haben am Halsband nichts zu suchen. Die Gefahr, die Halswirbel zu schädigen, ist sehr hoch. Beim andauernden Ziehen, auch an der Flexileine, steigt zudem der Augeninnendruck. Netzhautablösungen können die Folge sein.

Das Führgeschirr

Wie beim Halsband muss auch hier die Breite des Materials, aus dem das Geschirr gefertigt wurde, zum Hund passen. Der Gurt hinter dem Ellbogen sollte bei einem mittelgroßen Hund etwa zwei Fingerbreit vom Ellbogen entfernt sein. Die Schnalle sollte beim Laufen nicht den Ellbogen berühren.

Druckstellen, Schürfwunden oder Schonhaltungen des Hundes könnten sonst die Folge sein. Vorn sollte der Druck am Brustbein und nicht am Hals des Hundes abgefangen werden.

Der Hund sollte sich in dem Geschirr wohlfühlen und sich gut bewegen können. Es sollte so eng sitzen, dass der Hund nicht rückwärts aussteigen kann, aber genügend Bewegungsfreiraum lassen. Für Ausbrecherkönige gibt es Spezialgeschirre mit einem zusätzlichen Bauchgurt in der Taille des Hundes (bitte anpassen lassen!). Bei Geschirren mit Steg zwischen den Vorderbeinen ist oft zu sehen, dass dieser zu lang ist. Das Verletzungsrisiko ist hier hoch, denn der Hund kann sich im Geschirr verfangen oder damit hängen bleiben.

Schlecht sitzende Geschirre sind ein Gesundheitsrisiko für den Hund, und manche Geschirre kann man nicht optimal anpassen. Ist dies der Fall, lohnt sich eine Maßanfertigung.

Der Befestigungsring für die Leine sollte über den Schulterblättern sitzen.

Sitzt der Ring zu weit hinten und der Bauchgurt evtl. auch, biegt sich der Hund sehr weit in der Wirbelsäule durch, wenn er seitlich an der Leine zieht.

Gerade für einen Welpen oder Junghund ist der perfekte Sitz des Geschirrs wichtig! Bei Welpen und Junghunden ist die Verwendung eines Geschirrs sinnvoll, da die Knochenfugen nicht geschlossen und die Knochen noch sehr weich sind. Ein Geschirr zu kaufen, das mitwächst, ist eine gute Idee – funktioniert aber fast nie!

Auch wenn ein Geschirr die Halswirbelsäule des Hundes schont (sofern er an der Leine zerrt), ist die Verletzungsgefahr im Freilauf oder im Spiel mit anderen Hunden größer als im Halsband. Zudem ist der Hund schlechter zu lenken als mit Halsband.

Für die Arbeit mit der Schleppleine oder die Verwendung einer Flexileine ist ein gut sitzendes Führgeschirr unbedingt nötig.

Wenn Hunde noch wachsen, sitzt manchmal das beste Führgeschirr nicht mehr optimal.

Dieses Team hat seine Leine gefunden. Ist die Leine zu lang, verheddern sich die Hunde.

Die Leine

Wie auch beim Halsband und beim Geschirr ergibt sich die Länge und Breite der Leine durch die Größe von Hund und Halter. Die Leine sollte bis zum Ellbogen des Hundes durchhängen, wenn der Hund neben dem Halter läuft. Hängt sie tiefer, tritt der Hund oft mit dem Vorderbein über die Leine. Dies empfinden viele Hunde als unangenehm und meiden dadurch die Position. Ist die Leine kürzer als bis zum Ellbogen, hat der Hund wenig Freiraum.

Das Material ist wieder Geschmackssache. Lederleinen sehen schick aus, werden aber bei ungenügender Pflege oder schlechtem Leder schnell trocken und brüchig und stellen damit ein Sicherheitsrisiko dar.

Leinen aus Gurtmaterial sind häufig leichter und sehen sportlicher aus. Es gibt sie in vielen verschiedenen Farben,

mit Reflektoren, bunten Mustern … jeder wird etwas für seinen Hund finden. Sind diese Leinen aus schlechtem Material, sind sie oft scharfkantig und liegen schlecht in der Hand.

Der wichtigste Teil der Leine ist der Karabiner. Die Karabiner sind bei günstigen Leinen oft von minderwertiger Qualität. Sie bekommen Haarrisse, wenn sie auf den Boden fallen, gehen bei kurzer heftiger Belastung kaputt, klemmen und sind ein Sicherheitsrisiko. Ich habe noch nie erlebt, dass eine Leine reißt, aber ich habe schon viele kaputte Karabiner gesehen.

Die Leine ist eine großartige Erfindung. Es kostet nichts, einen Hund einmal mehr mit der Leine abzusichern — aber es kann Verletzungen vorbeugen und dient der Sicherheit. Wird man als Hundehalter gebeten, seinen Hund an die Leine zu nehmen, gibt es keinen Grund, dies nicht zu tun.

Die Schleppleine

Schleppleinen dienen zum Absichern des Hundes im Hundetraining. Auch bei Mantrailing, Fährtensuche usw. finden sie Verwendung.

Diese Leinen gibt es in vielen Längen und Breiten, von drei bis 20 Meter ist Standard. Wichtig ist auch hier, dass der Karabiner von guter Qualität ist, die Leinenbreite zum Hund passt und die Länge zu dem Trainingsstand. Nicht jeder kann eine 20-Meter-Leine an einem Hund handeln!

Schleppleinen gehören ans Geschirr. Je nach Größe und Gewicht des Hundes kann es Sinn machen, einen Ruckdämpfer zwischen Leine und Geschirr, aber auch zwischen Leine und Halteschlaufe zu setzen. Wenn 20 kg Hund 20 Meter durchstarten, gibt das einen gewaltigen Ruck, nicht nur am Hund.

Ob man das Ende der Leine in der Hand hält, die Leine immer wieder aufnimmt oder komplett am Boden schleifen lässt, kommt auf das jeweilige Trainingsziel an.

Die Verwendung von Handschuhen (z.B. aus dem Reitsportbedarf) sorgt für mehr Grip und schützt die Hand vor Verletzungen. Auch das Tragen von festen Schuhen und langen Hosen schützt vor Verletzungen, meist Verbrennungen.

Achten Sie darauf, dass Ihr Hund sich nicht einwickelt (Verletzungsrisiko) und dass keine anderen Hunde, Passanten oder Familienmitglieder eingewickelt werden. Vorausschauendes Handeln ist hier absolut wichtig! Kein Dritter darf geschädigt oder behindert werden!

Ich bevorzuge Schleppleinen in Rot oder Orange. Ob diese Leinen schnurartig rund oder aus flachem Gurtband bestehen, mit extra Grip oder ohne, mit oder ohne Handschlaufe, hängt von der Verwendung ab.

Biothane-Leinen sind absolut wasserabweisend, aber oft schwerer als Gurtmaterial in der gleichen Breite. Das Gurtmaterial nimmt aber mehr Feuchtigkeit auf und wird dadurch schwer. Sich umzuschauen, verschiedene Materialien auszuprobieren und zu vergleichen, macht also Sinn.

Die Halterin hat bei dieser Übung auf Abstand ihren Hund gut im Auge – und im Zweifelsfall auch unter Kontrolle, indem sie auf die Schleppleine tritt.

Die Schleppleine wieder loswerden

Viele Hunde zeigen das erlernte Verhalten mit Schleppleine sehr sicher, ohne Schleppleine aber nicht. Dies passiert, wenn der Hund das haptische Signal „Schleppleine" bzw. „Karabiner im Geschirr" oder den „Druck auf der Brust", der durch das Hinterherziehen entsteht, mit der Übung verknüpft. Auch das akustische Signal „schleifendes Geräusch der Leine" kann mit der Übung verknüpft sein (siehe Seite 24, 25).

Fehlt einer oder mehrere dieser Bausteine plötzlich, ist für viele Hunde der Schritt, ohne Leine zu laufen, zu groß. Hier kann es helfen, eine kürzere, leichtere Schleppleine zu wählen und diese nach einiger Zeit gegen eine noch kürzere und leichtere Leine zu tauschen. Auch das schrittweise Kürzen der Schleppleine mit einer Schere ist eine gängige Methode, um das Trainingshilfsmittel Schleppleine auszuschleichen.

Das Kopfhalfter

Es gibt verschiedene Modelle von Kopfhalftern für Hunde von verschiedenen Herstellern. Wichtig ist auch hier wieder, das für den jeweiligen Hund Passende zu finden. Als Faustregel gilt auch hier: Mindestens zwei Finger sollten ins „Halsband" passen, welches direkt hinter den Ohren sitzt. Der Hund sollte mit dem Halfter ungehindert gähnen, fressen und trinken können. Der Nasenriemen soll nicht über den Nasenspiegel gezogen werden können. Lefzen und evtl. Hautfalten dürfen nicht gequetscht werden.

Das Kopfhalfter für Hunde ist ein Trainingshilfsmittel zum Führen des Hundes. Da der Hund „an der Nase herumgeführt" wird, ist er einfacher und zudem mit weniger Kraftaufwand zu kontrollieren.

Das Kopfhalfter soll dem Hund keine Schmerzen zufügen und ersetzt auch nicht den Maulkorb. Um das rich-

Merlin bei seinem ersten Training mit Kopfhalfter.

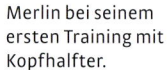

Abgesichert durch die Schleppleine macht Training mit Bewegungsreizen Sinn. Beherrscht der Hund die Übung, wird die Schleppleine ausgeschlichen.

tige Kopfhalfter für Ihren Hund zu finden und dieses gut aufzutrainieren, wenden Sie sich bitte an einen Profi.

Der Hund sollte zusätzlich am Halsband oder Geschirr abgesichert sein, dies erleichtert später das Ausschleichen des Kopfhalfters und erhöht die Sicherheit.

Das Kopfhalfter für Hunde ist im Übrigen keine neue Erfindung. Früher arbeiteten auch Hunde als Zugtiere vor Karren und Wagen; diese wurden oft an Kopfhalftern geführt, wie kleine Ponys.

Die Pfeife

Auch hier gibt es wieder verschiedene Modelle von verschiedenen Herstellern in verschiedenen Frequenzen, Farben, Materialien und Formen.

Von den „unhörbaren" Hochfrequenzpfeifen rate ich ab. Die Töne sind so hoch, dass sie für das menschliche Ohr nicht hörbar sind. Das bedeutet aber auch, dass ich nicht sofort erkenne, wenn die Pfeife kaputt ist.

Hundepfeifen mit genormten Frequenzen haben den Vorteil, dass exakt die gleiche Pfeife nachgekauft werden kann oder mehrere in einer Familie genutzt werden können.

Mittlerweile nutzen aber so viele Hundehalter diese Pfeifen, dass immer wieder Hunde abgepfiffen werden, die nicht gemeint sind. Dies kann, gerade in der Nähe von Straßen, zu gefährlichen Situationen führen. Da Hunde ein besseres Gehör haben als Menschen, bekommt der Hundehalter oft nicht mit, warum der Hund plötzlich losrennt.

Braucht man die Pfeife lediglich für den Abruf des Hundes, reicht eine einfache Pfeife. Im Training bin ich dazu übergegangen, nicht genormte Pfeifen zu nutzen, denn das Auftrainieren einer neuen Pfeife ist nicht schwierig. Dank der Generalisierung kann man dies mit einer ähnlich klingenden Pfeife noch beschleunigen.

Die Pfeife sollte im besten Fall um den Hals gehängt werden können. Ich gebe meinen Kunden gern den Tipp, die Pfeife an der Leine zu befestigen. Diese kann sich der Hundehalter während des Spaziergangs umhängen und hat so immer Leine und Pfeife griffbereit.

Lecker – püriertes Pferdefleisch mit Kartoffeln in einer Futtertube! Für Allergiker oft perfekt ...

Futterbelohnungen

Es ist nicht wirklich artgerecht, den Hund ein- oder zweimal täglich zu bestimmten Uhrzeiten zu füttern. Normal ist es für Hunde, sich ihr Futter selbst zu suchen oder zu jagen. Beide Verhaltensweisen sind aber bei unseren Haushunden nicht erwünscht. Bieten wir ihnen also andere Tätigkeiten, um ihren Lebensunterhalt zu verdienen. Ich arbeite gern mit hochwertigen Futtermitteln (ca. 70% Fleisch, 30% Gemüse, Obst, Kräuter als Trocken- und Nassfutter) und Snacks/Kauartikeln (Rinderohr, Trockenfleisch, Hackfleischkugeln, Käse usw.). Gute Nassfutter gibt es oft schon in kleinen Beuteln. Eine Ecke aufgeschnitten, und man hat immer eine besondere Belohnung parat. Die klassischen Leckerli gibt es bei mir auch, sie sind aber oft überflüssig. Trockene Backwaren werden meist nicht so gern genommen. Eine gute Faustregel ist es, 1/3 der Futtermittel-Tagesration abends, nach dem letzten Spaziergang, „gratis" zu verfüttern. Ich empfehle ein gutes, einfaches Trockenfutter.

Tagsüber kann sich der Hund in Kooperation mit Ihnen gutes, besonderes Trockenfutter (Halbnassfutter), Snacks usw. erarbeiten.

Auch für Barfer ist diese Art der Belohnung gut umzusetzen. Man kann durchaus 2/3 der Fleischration zum Trainieren nehmen. Wahlweise kann auch ein Teil durch Trockenfleisch ersetzt werden.

Ist das Training abgeschlossen und die Futterbelohnung ausgeschlichen, kann die Fütterung wieder in die Wohnung verlegt werden. In der Wohnung gibt es das gute, einfache Trockenfutter. Das besondere Futter sparen wir uns auf, um etwas Neues zu üben.

Die Futtertube

Einige Futterbelohnungen kann man auch in eine Futtertube füllen, um komfortabler zu arbeiten. Angebote hierfür gibt es in gut sortierten Hundeläden oder im Internet. Nassfutter ohne „fleischige Brocken" oder auch fein gewolftes Rinderhack, Frischkäse, pürierter Hüttenkäse, Quark usw. sind hier gut aufgehoben.

Spielzeuge

Es gibt unendlich viele Spielzeuge auf dem Markt. Wichtige Kriterien für das Spielzeug sind:

> Das Spielzeug muss Ihrem Hund gefallen.
> Das Spielzeug muss größenmäßig zum Hund passen. Ist es zu klein, wird es evtl. verschluckt und Ihr Hund kann daran ersticken. Ist es zu groß, hat der Hund schnell keinen Spaß mehr.
> Das Spielzeug soll den Hund nicht schädigen (Abrieb der Zähne, Verschlucken von abgebissenen Kleinteilen und schädliche Chemikalien).

Futterbelohnungen gibt es viele.

> Das Spielzeug muss zu der Spielbelohnung passen. Mit Bällen kann man schlecht nah beim Hundehalter belohnen, dies geht mit Zerrspielzeug dagegen sehr gut.
> Das Spielzeug soll widerstandsfähig sein.

Besondere Belohnungen können auch Spielzeuge sein.

Ein Futterbeutel von vielen – finden Sie Ihren!

Eine Regenjacke sollte wirklich jeder im Schrank haben. Eine Nummer größer gewählt, kann man eine dicke Jacke unterziehen, falls es auch noch kalt wird.

Nun ist man gegen leichten Regen geschütz; wird der Regen stärker oder man ist dem Wetter länger ausgesetzt, läuft einem das Wasser von der Regenjacke auf die Hose, und die weicht dann schnell durch. Eine Regenhose schafft hier Abhilfe. Zudem kann man sie auch bei Wind und Kälte über die Hose ziehen, so bleibt man schön warm.

Ein Regenhut hat der Kapuze gegenüber den Vorteil, dass man über die Ohren und die Augen mehr von seiner Umwelt mitbekommt. Auch Brillenträger profitieren bei Regen von einem Hut.

Und wenn die Wiesen nass sind und auf allen Wegen Pfützen stehen, sind Gummistiefel angebracht. Ich empfehle, etwas mehr Geld auszugeben und gleich hochwertige Stiefel aus Naturkautschuk zu kaufen. Die bleiben auch bei niedrigen Temperaturen geschmeidig.

Nichts ist schöner, als gut ausgerüstet einen Regenspaziergang zu starten und die Welt für sich zu haben.

Belohnungsbeutel

Um all diese Trainingshilfsmittel zu verstauen, lohnt sich in der Regel ein Belohnungsbeutel. Diese gibt es in verschiedenen Größen und sie schützen die Kleidung vor Schmutz, Speichel, Krümeln und Fettflecken.

Regenbekleidung

Gute Regenbekleidung ist für den Hundehalter nicht nur im Training Pflicht. Mit Regenschirm in der Hand ist man meistens sehr eingeschränkt und dann macht bei schlechtem Wetter das Training keinen Spaß. Gut eingepackt, kann man aber Wind und Wasser trotzen.

Die Automatikleine

Automatikleinen gibt es in verschiedenen Längen, Breiten und für die jeweilige Gewichtsklasse des Hundes angepasst, aus Gurtband, mit Reflex, aus Seilmaterial und in allen Farben des Regenbogens.

Auf den ersten Blick sind diese Leinen sehr praktisch. Sie geben dem Hund zwischen drei und zehn Metern gesicherten Auslauf und rollen sich automatisch wieder auf. Die Leine kann arretiert werden oder durch das Drücken auf einen Knopf gebremst werden.

Da diese Leinen stets unter Spannung stehen, sollte immer ein Geschirr für die Befestigung der Leine gewählt werden, um den Augeninnendruck nicht zu erhöhen oder die Halswirbelsäule zu schädigen. Ein Hund, der nach mehreren Metern Sprint in die Leine rennt oder durch den Mensch per Knopfdruck gebremst wird, wird am Hals starken, plötzlich auftretenden Kräften ausgesetzt, egal wie groß oder klein der Hund ist!

Durch den ständigen Druck durch die Automatik im Inneren der Leine lernt der Hund, gegen diesen Druck zu laufen, um weiterzukommen. Dies bedeutet, dass der Hund lernt, an der Leine zu ziehen. Ein möglicher Trainingsansatz wäre, mit dem Hund eine korrekte Leinenführigkeit an der „normalen" Leine am Halsband zu üben und das Geschirr für die Automatikleine zu nutzen.

Da haptische (gefühlte) Signale vom Hund schnell erlernt werden, ist diese Leine auch nur schlecht als Trainingsmittel auszuschleichen.

Bei Nutzung dieser Leinen sollte der Hundehalter darauf achen, dass keine Passanten oder andere Hunde versehentlich eingewickelt werden. Um ein Körperteil gewickelt, ergeben sich leicht schlimme Brandwunden, Hautabschürfungen oder Stürze.

Zusätzlich soll der Nutzer berücksichtigen, keine Wege mit der Automatikleine zu sperren; für Radfahrer, Jogger, ältere Menschen sind die Leinen häufig schlecht zu erkennen.

Auch das Führen eines großen, temperamentvollen Hundes an einer solchen Leine ist schwierig. Nach zehn Metern Beschleunigung eines 25-kg-Hundes ist bereits der Griff der Leine nur noch schwer festzuhalten, Verletzungen des Hundehalters sind hier nicht ausgeschlossen! Die Leine soll nicht als Ausbildungsersatz dienen.

Dieses Bild ist gestellt, entspricht aber oft der Realität.

Dieser Hund ist abgesichert, dennoch geben die beiden ein unglückliches Bild ab.

Zusätzlich sind durch den leider oft rücksichtslosen oder unreflektierten Gebrauch dieser Leinen viele Hundehalter, aber auch Nicht-Hundehalter verunsichert bis verärgert. Als Außenstehender kann man nicht erkennen, ob die Leine arretiert ist und der Hund nun bei seinem Besitzer bleibt oder nicht.

Zum Absichern des Hundes ist diese Leine sicherlich geeignet, dennoch ist die Automatikleine kein gutes Trainingshilfsmittel.

Trainingshilfsmittel ausschleichen

Alle Trainingshilfsmittel dienen der Unterstützung im Training und sollen das Lerntempo optimieren, das Erlernen bestimmter Übungen für den Schüler Hund vereinfachen und Fehler im Training vermeiden. Ist ein Verhalten beim Hund gut eingeübt, wird die nächste, schwierigere Übung trainiert. Ist das Trainingsziel erreicht, wird das Hilfsmittel ausgeschlichen.

Clicker und Futterbelohnungen abbauen

Eines der größten Gegenargumente bei der Verwendung vom Clicker ist: „Ich will doch nicht mein Leben lang mit einem Clicker rumlaufen!"

Den Clicker aus der Übung auszuschleichen, ist Teil und auch Ziel des Trainings. Ist ein Verhalten beim Hund gut eingeübt, wird die nächste, schwierigere Übung trainiert. Ist das Trainingsziel erreicht, wird der Clicker ausgeschlichen. Dies bedeutet, der Hund wird nicht mehr jedes Mal geclickt, sondern erhält als positive Rückmeldung anfangs seltener, aber immer öfter das bereits trainierte „Keep going"-Signal.

Ein Beispiel für das geübte Verhalten „freiwilliger Blickkontakt im Freilauf auf Spaziergängen": Das Verhalten wird nach einigen Wochen des Trainings oft und zuverlässig gezeigt. Nun bekommt der Hund für die ersten zwei Blickkontakte einen Click + Futterbelohnung, der dritte Click wird mit „Prima!" und einem Lächeln belohnt. Dann werden wieder zwei Blickkontakte geclickt und belohnt, der dritte mit „Prima!" zurückgemeldet. Jetzt „sparen" Sie bereits 33% der Clicks + Futterbelohnungen.

Nach einigen Tagen clicken Sie zwei Blickkontakte und belohnen diese, beim dritten und vierten gibt es ein „Prima!" als Rückmeldung. Dann clicken und belohnen Sie wieder zwei Blickkontakte, beim dritten und vierten gibt es wieder ein „Prima" als Rückmeldung. Nun sparen Sie in dieser Übung bereits 50% der Clicks + Futterbelohnungen.

Wenn die Übung bereits wirklich gut gesessen hat, wird das Verhalten des Hundes nun oft noch stärker gezeigt als zuvor. Der Glücksspielfaktor

setzt ein. Sollte der Hund unsicher reagieren oder aus dem Training aussteigen, war das Verhalten noch nicht gefestigt. In diesem Fall gehen Sie zu der Trainingsstufe zurück, die der Hund gut beherrscht hat, und versuchen es nach ein bis zwei Wochen Training erneut.

Mit sehr sensiblen Hunden muss man behutsam vorgehen, die fehlende Rückmeldung durch Click + Futterbelohnung kann sie verunsichern.

„Futterbelohnung ausschleichen?! Das hab ich gehört!"

Danksagung

Dieses Buch hat mich über mehrere Monate begleitet. Einige Termine mit Fotografin und Hundehaltern wurden gemacht und wegen schlechtem Wetter verworfen. Vielen Dank an alle Hunde und Hundehalter für die vielen Wiederholungen bei den Fotoshootings, ihr habt das super gemacht!

Einen speziellen Dank auch an die Fotografin Sabine Stuewer, die meine Gedanken, Ideen und Grundsätze verstanden hat und in aussagekräftige Fotos umgesetzt hat.

Immer wieder gab es mit befreundeten Hundehaltern Diskussionen über die Themen, die dieses Buch enthalten soll. Viele Formulierungen und ganze Themen sind wieder rausgeflogen. Alles in einem Buch zu schreiben, ist einfach nicht möglich.

Letztendlich gilt mein Dank aber auch allen Trainern, von denen ich lernen durfte. Er gilt den großartigen Hunden, die mein Leben begleiten, bereichern und mich immer wieder neu lernen und staunen lassen. Selbstverständlich gilt mein Dank auch den Hunden und Hundehaltern, die mir immer wieder neue Aufgaben zum Lösen geben und mir ihr Vertrauen schenken. Er gilt den Menschen die mich trotz meiner Bedenken ermutigt haben, dieses Buch zu schreiben, mich begleitet haben, Texte gegengelesen haben und mich während dieser Zeit ertragen haben.

Ich hoffe, ich konnte Sie ein Stück in meine Welt der Arbeit mit Hunden entführen und in Ihnen neue Ideen wachsen lassen.

Carpe Diem – Nutze den Tag. Jeden! Fang an!

Zum Weiterlesen

Zum Weiterlesen finden Sie hier eine Auswahl an Hundebüchern aus dem Kosmos-Verlag.

Hunderassen

Krämer, Eva-Maria: **Der große Kosmos Hundeführer.** Mit allen 342 FCI-Rassen und 120 zusätzlichen Rassen.

Krämer, Eva-Maria: **Faszination Rassehunde.** Herkunft und Aufgaben, Temperament und Wesen.

Krivy, Petra: **Herdenschutzhunde.** Geschichte, Rassen, Haltung, Ausbildung.

Mrozinski, Normen: **Hütehunde als Begleiter.** Rassen, Haltung, Erziehung, Beschäftigung.

Schritt, Ingeborg und Eckhard: **Windhunde.** Geschichte, Rassen, Haltung, Erziehung, Beschäftigung.

Hunde verstehen

Kaminski, Juliane und Juliane Bräuer: **So klug ist Ihr Hund.**

Rauth-Widmann, Brigitte: **Die Sinne des Hundes.** Wie Hunde ihre Welt wahrnehmen.

Schöning, Barbara und Kerstin Röhrs: **Hundesprache.** Mimik und Körpersprache richtig deuten.

Schöning, Barbara: **Hundeverhalten.** Hundeverhalten verstehen, Körpersprache deuten.

Winkler, Sabine: **So lernt mein Hund.** Der Schlüssel für die erfolgreiche Erziehung und Ausbildung.

Hunde erziehen

Führmann, Petra und Nicole Hoefs:
**Das Kosmos Erziehungsprogramm
für Hunde.**

Führmann, Petra, Nicole Hofes und Iris
Franzke: **Die Kosmos Welpenschule.**
Mit DVD.

Jones, Renate: **Welpenschule.**
Sozialisieren, erziehen, beschäftigen.

Pietralla, Martin und Barbara Schöning:
Clickertraining für Welpen.

Pietralla, Martin: **Clickertraining für
Hunde.**

Pietralla, Martin: **Mein Clickertraining.**
Vom positiven Umgang mit Hunden.

Pryor, Karen: **Positiv bestärken – sanft
erziehen.** Die verblüffende Methode,
nicht nur für Hunde.

Winkler, Sabine: **Trainingsbuch Hundeerziehung.** Das Training planen und
umsetzen, eigene Fähigkeiten verbessern.

Nützliche Adressen

Mel Koring
www.mel-tiertrainer.de

Verband für das Deutsche Hundewesen
VDH e. V.
Westfalendamm 174
D - 44141 Dortmund
Tel. 02 31 - 56 50 00
www.vdh.de

Österreichischer Kynologenverband
ÖKV
Siegfried Marcus-Str. 7
A - 2362 Biedermannsdorf
Tel. 0 22 36-71 06 67
www.oekv.at

Schweizerische Kynologische Gesellschaft
SKG
Postfach 82 76
CH - 3001 Bern
Tel.: 0 31 – 3 06 62 62
www.skg.ch

Register

Ablenkung 77
Ablenkung steigern 86
Akustische Signale 25, 36 f.
Alternativverhalten 35
An lockerer Leine gehen 52, 61, 68
Angeborene Verhaltensweisen 11
Angebunden warten 83
Angst 30
Anschauen 75
Anspringen 63
Arbeitstypen 12
Aufmerksamkeit 56
Aufmerksamkeit auf sich lenken 56, 64, 74
Aufmerksamkeit und Kommen 64, 75
Aus 89, 101
Ausgeben von Gegenständen 89
Automatikleine 52, 68 f., 116 f.

Belohnung 22 f., 74
Belohnungsbeutel 116
Bestärkung 18
Bestrafung 18
Bewegungsreize 38
Blickkontakt 35, 43 f., 54, 62, 74 f.
Blindheit 37
Brückensignal 107
Bundeswaldgesetz 70

Clicker 18 ff., 107
Clicker abbauen 119
Clicker konditionieren 20

Discs 34

Emotionen 38
Erfolg 9
Erlernte Verhaltensweisen 11

Familienhund 13
Fehlverknüpfung 30
Free shaping 48
Freies Formen 48
Freilauf im Wald 70
Frust 34, 85
Führgeschirr 108
Futter aufteilen 23
Futterbelohnungen 23, 43, 114 f.
Futterbelohnungen abbauen 119
Futtermittel 114
Futtertube 115

Generalisieren 28, 103
Geräusch 56
Geruchliche Signale 24
Geschirr 108 f.

Haftpflichtversicherung 73

Halsband 108
Handy-Übung 54
Handzeichen 36 f., 89
Haptische Signale 24, 52
Hilfsmittel 106 ff.
Hochfrequenzpfeife 113
Hörbare Signale 25
Hörzeichen 38 f.
Hundeausbildung 7 f.
Hundebegegnungen 70 f.
Hundepfeife 104, 113
Hundeverordnung 70

Ignorieren 63
Instrumentelles Konditionieren 15
Kauartikel 114
Keep-going-Signal 86
Klassisches Konditionieren 14 f.
Komm 50, 60, 81, 90, 95, 101
Konditionierte Negative Strafe 34
Konditionierte Positive Strafe 30 ff.
Konditionierung des Clickers 20
Konditionierungen zweiter Ordnung 26 f.

Konditionierungsarten kombinieren 16
Kopfhalfter 112 f.
Körperlich manipulieren 84
Landeswaldgesetz 70
Leckerlis 114
Leine 107, 110
Lernen 9
Lernpraxis 40
Lerntheorie 40
Lernverhalten 8 ff.
Locken 43

Medical Training 84, 91, 96, 102
Meideverhalten 30, 54
Menschenausbildung 7 f.
Misserfolg 34
Motivation 9, 22 f.

Negative Strafe 28

Olfaktorische Signale 24
Operantes Konditionieren 15
Optische Signale 25

Pfeife 104, 113
Pfotenverband 102
Platz 46 ff., 58 f., 66 f., 76, 80, 88, 93, 99 f.
Positive Belohnung 35
Positive Strafe 28
Positive Strafe, Schwierigkeiten 33
Positiver Verstärker 15
Prima 86

Rassen 12
Regenbekleidung 116
Rollleinen 68
Schade 85, 91 f., 96
Schade generalisieren 103
Schleppleine 108, 111 f.
Schleppleine ausschleichen 112
Schwerhörigkeit 37
Sehschwäche 37
Selbstbelohnung 35
Sichtbare Signale 25
Signale 24 f.
Signale, akustische 25, 36 f.
Signale, haptische 24, 52

Signale, olfaktorische 24
Signale, optische 25
Signale, Überschattung 25
Signale, vergiftete 48
Signalüberschattung 25
Situationsmanagement 35
Sitz 45, 57, 65, 76, 80, 86 f., 92, 99
Snacks 114
Sozialkontakt fordern 63
Spielzeug 105, 115
Strafe 28
Strafe, negative 28
Strafe, positive 28
Stressabbau 38
Supersignal 104 f.

Target-Training 60
Taubheit 37
Tierarztbesuche üben 27
Tierarztbesuche, positive 27
Tierschutzgesetz 70
Timing 19 f.
Trainingsfortschritte 54
Trainingshilfsmittel 18 ff., 106 ff.
Trainingshilfsmittel ausschleichen 118 f.
Trainingsplan 1. Woche 43 ff.

Trainingsplan 2. Woche 54 ff.
Trainingsplan 3. Woche 62 ff.
Trainingsplan 4. Woche 74 f.
Trainingsplan 5. Woche 79 ff.
Trainingsplan 6. Woche 86 ff.
Trainingsplan 7. Woche 92 ff.
Trainingsplan 8. Woche 98 ff.

Umkonditionierung 35

Vergiftetes Signal 48
Verhalten auslösen 56
Verhalten und Konsequenz 17
Verhaltensabbruch 34
Verhaltensunterbrechung 85
Verhaltensweisen, angeborene 11
Verhaltensweisen, erlernte 11
Versicherung 73
Verstärker 15
Versuch und Erfolg 15
Versuch und Misserfolg 15
Vorwarnung 30
Vorwarnung trainieren 32

Warten 83

Bildnachweis

236 Farbfotos wurden von Sabine Stuewer/Kosmos für dieses Buch aufgenommen. Weitere Bilder von Sabine Stuewer/www.stuewer-tierfoto.de (6, Seite 6, 12 beide, 13, 31, 49).

Impressum

Umschlaggestaltung von eStudio Calamar unter Verwendung von Farbaufnahmen von Sabine Stuewer/Kosmos.

Mit 242 Farbfotos

Unser gesamtes Programm finden Sie unter **kosmos.de**
Über Neuigkeiten informieren Sie regelmäßig unsere
Newsletter, einfach anmelden unter **kosmos.de/newsletter**

Gedruckt auf chlorfrei gebleichtem Papier

© 2014, Franckh-Kosmos Verlags-GmbH & Co. KG, Stuttgart
Alle Rechte vorbehalten
ISBN 978-3-440-13935-6
Redaktion: Angela Beck
Gestaltungskonzept: eStudio Calamar
Satz: akuSatz, Stuttgart
Produktion: Eva Schmidt
Printed in Germany / Imprimé en Allemagne

Der KOSMOS-Verlag ist Mitglied in der Gesellschaft zur Förderung Kynologischer Forschung e.V. www.gkf-bonn.de

KOSMOS.
Wissen aus erster Hand.

Für ein glückliches Hundeleben

Barbara Schöning erklärt die ererbten und erworbenen Verhaltensweisen unserer vierbeinigen Freunde so anschaulich, dass jeder, der dieses Buch gelesen hat, seinen Hund besser verstehen lernt und auf sein Verhalten richtig reagieren kann. Dies ist der erste Schritt, um Probleme gar nicht erst entstehen zu lassen.

Barbara Schöning
Hundeverhalten
128 S., 198 Abb., €/D 14,99

Spaß für jeden Hund

Gemeinsame Unternehmungen machen Spaß, stärken die Beziehung und lasten Hund und Halter aus. Bei den Spiel- und Hundesportarten, die Kristina Falke und Jörg Ziemer vorstellen, ist für jeden Hund und Hundehalter etwas dabei – egal ob jung oder alt, sportlich oder gemütlich.

Kristina Falke, Jörg Ziemer
Spiel und Sport für Hunde
128 S., 162 Abb., €/D 14,99

Die zwei- und vierbeinigen Fotomodelle

Anke mit Keira

Keira ist ein Beagle-Pinscher-Dackel-Mix, ca. 3 Jahre alt. Ihre Herkunft ist mystisch und ungeklärt (Wanderpokal), sie kam mit ca. 10 Monaten zu Anke.
Vorlieben: Eichhörnchen beschleunigen, Süßigkeitenschublade kontrollieren, lange Spaziergänge, Kopfarbeit, Kuscheln.
Abneigung: Nachbars Katze, Baden.

Gina mit Blake

Blake, einen 4 Jahre alten Tervueren, hat Gina mit 8 Wochen vom Züchter übernommen.
Vorlieben: Seine Rettungshundestaffel (Fläche, Trümmer), Frisbee spielen, sein Ball, schwimmen, alles was man mit Gina zusammen machen kann.
Abneigung: Manchmal sein Futter, angebunden werden.

Dino mit Summer

Boxer-Boerboel-Mix *Summer* ist 7 Jahre und kam vor 2 Jahren aus dem Tierheim zu Dino.
Vorlieben: Kuscheln, fressen, spazieren gehen, in der Sonne liegen, Hasen hinterherschauen.
Abneigung: Wasser, Regen, Bienen, Heißluftballons.

Manuela mit Sunny

Sunny ist 6 Jahre, ein Deutscher Pinscher; sie wurde mit 8 Wochen vom Züchter übernommen.
Vorlieben: Lange Spaziergänge, Klettern, Such- und Apportierspiele, in der Sonne liegen, fressen, gebürstet werden, schmusen.
Abneigung: Wasser (egal ob von oben oder unten), Hundemäntel, Schäferhunde, Kinder, Rasenmäher, Toaster.